全栈开发

React Native 移动开发实战

（第3版）

向治洪 / 编著

人民邮电出版社
北京

图书在版编目（CIP）数据

React Native移动开发实战 ：第3版 / 向治洪　编
著. -- 北京 ：人民邮电出版社，2023.11
ISBN 978-7-115-62607-3

Ⅰ. ①R… Ⅱ. ①向… Ⅲ. ①移动终端－应用程序－
程序设计 Ⅳ. ①TN929.53

中国国家版本馆CIP数据核字(2023)第166416号

内 容 提 要

React Native 是一款当前市面上流行的前端跨平台开发框架。近年来，随着大规模重构和优化，React Native 在性能和兼容性方面得到了大幅度的提升。为帮助广大开发人员快速开展 React Native 应用开发，本书从 React Native 入门、React Native 开发进阶、热更新和应用打包等方面，以大量实例，系统地介绍了 React Native 知识点。本书还提供了一个影城应用项目以供读者学习、实战。书中每个阶段的知识都是层层深入且环环相扣的，能够帮助读者对 React Native 框架的原理与应用有一个全面的认识。

本书适合具有一定原生 Android、iOS 开发基础的一线应用开发工程师、大中专院校相关专业师生、培训班学员阅读，可以帮助读者夯实基础，提升 React Native 开发实战技能。

◆ 编　　著　向治洪
　责任编辑　张天怡
　责任印制　陈　犇
◆ 人民邮电出版社出版发行　　北京市丰台区成寿寺路 11 号
　邮编　100164　　电子邮件　315@ptpress.com.cn
　网址　https://www.ptpress.com.cn
　北京科印技术咨询服务有限公司数码印刷分部印刷
◆ 开本：787×1092　1/16
　印张：13　　　　2023 年 11 月第 1 版
　字数：296 千字　　　　2025 年 3 月北京第 3 次印刷

定价：69.80 元

读者服务热线：(010)81055410　印装质量热线：(010)81055316
反盗版热线：(010)81055315

前言

经过 10 多年的快速发展，移动互联网早已取代传统的 PC 互联网，成为互联网发展的主要方向。不过，随着移动技术发展得越来越成熟，越来越多的企业和开发者也开始关注如何更高效、更低成本地开发移动应用。

众所周知，传统的原生 Android、iOS 开发技术虽然比较成熟，但是多端重复开发的成本和开发效率的低下是很多企业不愿意看到的，而不断崛起的跨平台技术让企业看到了曙光，“一次编写，处处运行”也不再是难以企及的目标。

目前，市面上流行的跨平台技术主要分为三种：第一种是基于 Web 浏览器的 Hybrid 技术方案，采用此种方案时只需要使用 HTML5 及 JavaScript 进行开发，然后使用浏览器加载即可实现应用跨平台；第二种是通过在不同平台上运行某种语言的虚拟机来实现应用跨平台，采用此种方案的跨平台技术主要有 React Native 和 Weex；第三种是使用自带渲染引擎实现的跨平台渲染方案，代表技术有 QT Mobile 和 Flutter。

不过，不管是哪种技术，相比传统的移动原生开发技术来说，都是质的提升，它们不仅降低了开发的难度，还提升了开发的效率。事实上，作为目前流行的跨平台技术方案之一，React Native 是 Facebook（已于 2021 年 10 月更名为 Meta）技术团队于 2015 年 4 月开源的一套跨平台开发框架，开发的应用可以同时运行在 Android、iOS 两大移动平台上。并且，经过 8 年多的发展，React Native 不仅可以支持开发移动跨平台应用，还支持开发 Web 应用，是一款名副其实的前端跨平台开发框架。

为了最大限度地提升应用体验，React Native 抛弃了传统的浏览器加载的思路，转而采用调用原生 API 的思路来实现界面的渲染，最终获得了媲美原生移动应用的使用体验。同时，React Native 使用 JavaScript 作为开发语言，也降低了开发的成本，让更多的前端 Web 开发者加入跨平台开发的行列。

当然，React Native 也并不是完美无缺，比如社区反映的比较明显的缺点有首次加载慢、调试不友好、需要定期升级等，不过这些问题相对于跨平台的先进性来说都是可以克服的。并且随着最近两年 React Native 开启大规模的重构和优化，React Native 在性能和兼容性方面都得到了大幅度的提升。在最新的架构中，React Native 使用 Hermes 替换了传统的 JavaScriptCore 渲染引擎，使得页面的渲染速度更是得到了质的改善。

“路漫漫其修远兮，吾将上下而求索”，通过 React Native 跨平台技术的学习和本书的写作，我深刻地意识到学无止境的含义。2015 年 4 月，React Native 发布了第一个社区版本，不过那时候使用的人数并不多，直到 2016 年才慢慢有公司使用，也就是在那个时候我们第一次接触到了 React Native，并被它“一次编写，处处运行”的跨平台编程思想所吸引，于是在 2017 年我出版了人生的第一本书，也就是本书的第 1 版，并在 2020 年进行了升级，出版了本书的第 2 版。

本着与时俱进的思想，如今本书在理论和实战方面都得到了加强，知识体系和架构都进行了升级。相信本书定会给您学习 React Native 带来帮助和启发。

资源与支持

资源获取

本书提供如下资源：

- 本书项目源代码
- 本书思维导图
- 异步社区 7 天 VIP 会员

要获得以上资源，您可以扫描下方二维码，根据指引领取。

提交勘误

作者和编辑尽最大努力来确保书中内容的准确性，但难免会存在疏漏。欢迎您将发现的问题反馈给我们，帮助我们提升图书的质量。

当您发现错误时，请登录异步社区（https://www.epubit.com/），按书名搜索，进入本书页面，点击“发表勘误”，输入勘误信息，点击“提交勘误”按钮即可（见右图）。本书的作者和编辑会对您提交的勘误进行审核，确认并接受后，您将获赠异步社区的 100 积分。积分可用于在异步社区兑换优惠券、样书或奖品。

与我们联系

我们的联系邮箱是 contact@epubit.com.cn。

如果您对本书有任何疑问或建议，请您发邮件给我们，并请在邮件标题中注明本书书名，以便我们更高效地做出反馈。

如果您有兴趣出版图书、录制教学视频，或者参与图书翻译、技术审校等工作，可以发邮件给我们。

如果您所在的学校、培训机构或企业，想批量购买本书或异步社区出版的其他图书，也可以发邮件给我们。

如果您在网上发现有针对异步社区出品图书的各种形式的盗版行为，包括对图书全部或部分内容的非授权传播，请您将怀疑有侵权行为的链接发邮件给我们。您的这一举动是对作者权益的保护，也是我们持续为您提供有价值的内容的动力之源。

关于异步社区和异步图书

“异步社区”(www.epubit.com)是由人民邮电出版社创办的 IT 专业图书社区，于 2015 年 8 月上线运营，致力于优质内容的出版和分享，为读者提供高品质的学习内容，为作译者提供专业的出版服务，实现作者与读者在线交流互动，以及传统出版与数字出版的融合发展。

“异步图书”是异步社区策划出版的精品 IT 图书的品牌，依托于人民邮电出版社在计算机图书领域 30 余年的发展与积淀。异步图书面向 IT 行业以及各行业使用 IT 技术的用户。

目录

第 1 章 React Native 快速入门

1.1 React Native 简介

随着移动互联网的兴起，移动应用开发也逐渐兴起，不过传统的移动应用开发需要同时兼顾多端的开发，这不仅大大降低了开发的效率，也不能适应移动应用高速迭代的需求。为了提高开发效率，同时节约多端开发带来的人力成本，不少公司一直在寻找一种可以高效开发的移动跨平台技术方案。

纵观当前流行的移动跨平台技术方案，无外乎 3 类。第一类是使用原生内置浏览器加载 HTML5 的 Hybrid 技术，具有代表性的有 Cordova、Ionic 和微信小程序；第二类是先使用 JavaScript 开发，然后使用原生组件进行渲染，具有代表性的有 React Native、Weex 和快应用；第三类是使用自带的渲染引擎和自带的原生组件实现跨平台，具有代表性的有 Flutter。

抛开陈旧的 Hybrid 技术，当前讨论的移动跨平台技术方案主要以 React Native、Weex 和 Flutter 等为主。不过，从开发效率、渲染性能、维护成本和社区生态等不同方面来看，这几种移动跨平台技术方案各有优劣。总的来说，Flutter 的渲染性能是最好的，而从开发效率和维护成本来说，React Native 则更优，Weex 则由于社区生态的原因基本已经被废弃。

React Native 作为目前最为流行的移动跨平台技术方案之一，是 Facebook（已于 2021 年 10 月更名为 Meta）在 2015 年 4 月开源的一套移动跨平台技术框架，使用 JavaScript 作为基本的开发语言，支持在 Android、iOS 和 Web 等多个平台上运行。同时，React Native 已经被广大的开发者应用在商业项目中，在开源项目托管网站 GitHub 上，更是获得了大量开发者的关注，如图 1-1 所示。

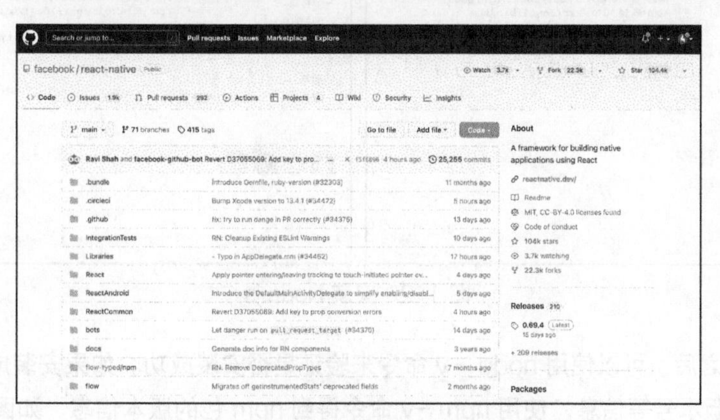

图 1-1 GitHub 上的 React Native 项目

1.2 React Native 环境搭建

在开始 React Native 应用开发之前，我们需要先搭建好 React Native 的开发环境，且需要安装或搭建以下辅助工具及环境。

- Node.js：React Native 需要借助 Node.js 来创建和运行 JavaScript 代码。
- 原生 Android 和 iOS 开发环境：由于 React Native 的运行需要依赖原生 Android 和 iOS 环境，因此需要分别搭建原生 Android 和 iOS 的开发环境。
- 其他开发工具：代码编辑器 Visual Studio Code 或 WebStorm、远程调试工具 Chrome 浏览器等。

下面对前两类辅助工具和环境的操作进行介绍。

1.2.1 安装 Node.js

Node.js 本身并不是一门开发语言，也不属于任何 JavaScript 技术框架，而是瑞安·达尔（Ryan Dahl）开发的一个基于 Google Chrome V8 引擎的 JavaScript 运行环境。它使用一个事件驱动、非阻塞式 I/O（Input/Output，输入输出）模型，让 JavaScript 具备了开发服务端接口的能力。同时，Node.js 提供的 npm（node package manager，node 包管理器）包管理工具还是全球最大的前端开源库管理系统之一。

由于运行 React Native 需要 Node.js 环境的支持，因此，如果还没有安装 Node.js，可以从它的官网下载对应操作系统的安装包。推荐下载最新的 LTS（Long Term Support，长期支持）版本，因为 LTS 版本是最稳定的版本，出现问题的概率较低。

下载完成后，双击安装包，然后根据安装向导依次单击【继续】按钮安装即可，如图 1-2 所示。

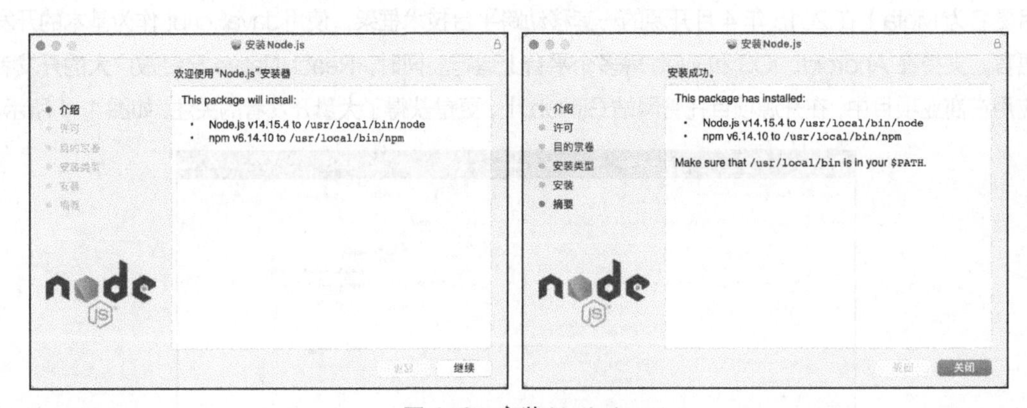

图 1-2 安装 Node.js

安装完成之后，可以使用 node -v 命令来验证是否安装成功。如果安装成功，系统会显示 Node.js 的版本号等信息，使用 npm -v 命令得到 npm 包的版本信息，如图 1-3 所示。

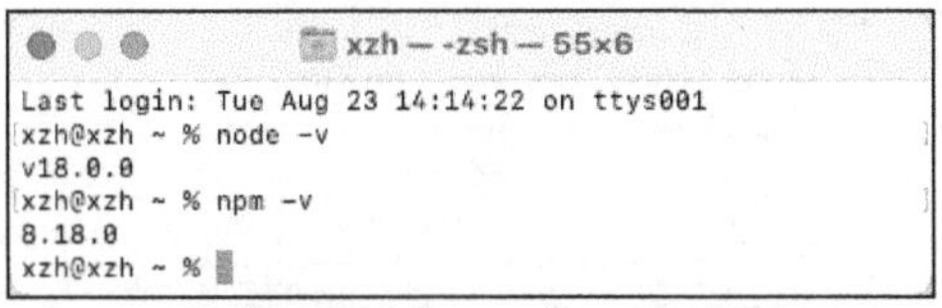

```
xzh — -zsh — 55×6
Last login: Tue Aug 23 14:14:22 on ttys001
xzh@xzh ~ % node -v
v18.0.0
xzh@xzh ~ % npm -v
8.18.0
xzh@xzh ~ %
```

图 1-3 查看 Node.js 和 npm 包版本信息

1.2.2 搭建 Android 开发环境

由于 React Native 项目的编译和运行需要依赖原生平台，所以在搭建 React Native 开发环境前，需要先搭建好原生 Android 和 iOS 开发环境。

在搭建原生 Android 开发环境之前，由于 Android 项目的开发和运行需要依赖 Java 环境，因此，如果还没有安装 Java 环境，可以从 JDK（Java 语言的软件开发工具包）官网下载操作系统对应的 JDK 版本然后进行安装。安装完成之后，可以使用 java -version 命令来验证 Java 开发环境是否安装成功，并查看其版本信息，如图 1-4 所示。

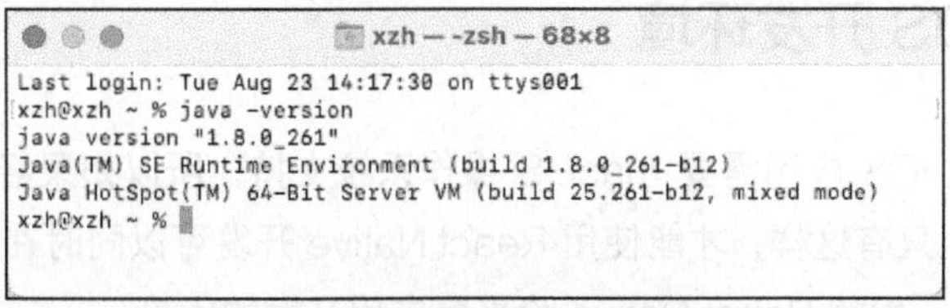

```
xzh — -zsh — 68×8
Last login: Tue Aug 23 14:17:30 on ttys001
xzh@xzh ~ % java -version
java version "1.8.0_261"
Java(TM) SE Runtime Environment (build 1.8.0_261-b12)
Java HotSpot(TM) 64-Bit Server VM (build 25.261-b12, mixed mode)
xzh@xzh ~ %
```

图 1-4 查看 Java 版本信息

同时，为了方便后面项目中使用 Java 的命令行工具，还需要在.bash_profile 文件中配置环境变量，如下所示。

```
export JAVA_HOME=/Library/Java/JavaVirtualMachines/jdk-9.jdk/Contents/Home
export PATH=$JAVA_HOME/bin:$PATH:.
export CLASSPATH=$JAVA_HOME/lib/tools.jar:$JAVA_HOME/lib/dt.jar:.
```

配置完 Java 开发环境之后，接下来安装 Android 开发工具 Android Studio 和 Android 开发套件 Android SDK。

首先，从 Android 官网下载最新的 Android Studio 并安装，安装完成之后，第一次启动它会自动下载 Android SDK，下载 Android SDK 前需要在 Android Studio 的设置板中配置 Android SDK Tools 的路径。成功配置 Android SDK Tools 的路径后就可以下载 Android SDK 了，如图 1-5 所示。

需要说明的是，由于 React Native 的 Android 环境需要 Build-tools 23.0.1 及以上版本的支持，因此需要确保本地已经下载了对应的 Android SDK 版本。

同时，为了方便在项目中使用 Android 命令行工具，还需要配置 Android 系统环境变量，如下所示。

```
export ANDROID_HOME="/Users/mac/Android/sdk"
export PATH=${PATH}:${ANDROID_HOME}/tools
export PATH=${PATH}:${ANDROID_HOME}/platform-tools
```

配置完成之后，可以使用 adb shell 命令来验证 Android 环境变量的配置是否成功。

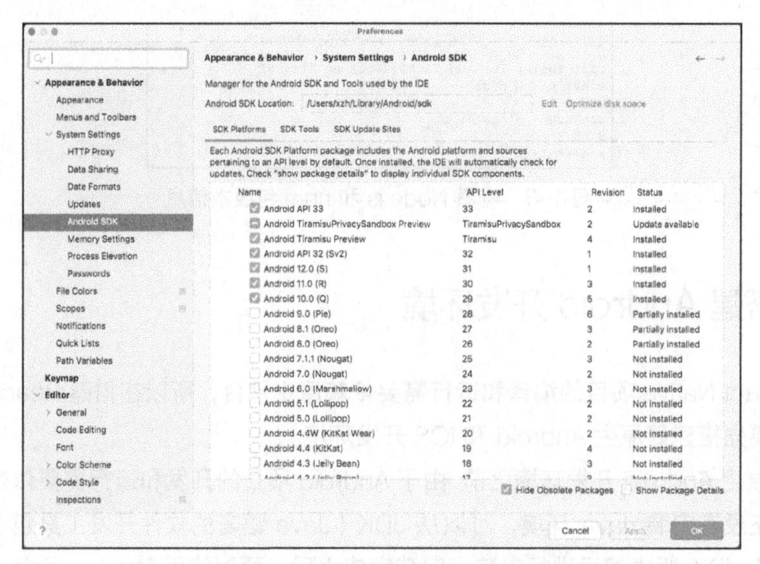

图 1-5 下载 Android SDK 及 Android SDK Tools

1.2.3 搭建 iOS 开发环境

众所周知，开发 iOS 应用需要 macOS 操作系统支持，所以如果经济条件允许，最好准备一台 Mac 计算机。只有这样，才能使用 React Native 开发可以同时在 iOS 和 Android 设备上运行的跨平台应用，发挥 React Native 跨平台应用开发的优势。

使用 React Native 开发 iOS 端的应用时需要 Xcode 7 及更高版本的支持，如果本地还没有安装 Xcode 集成开发工具，可以从 App Store 上下载最新版本的 Xcode 并进行安装，如图 1-6 所示。

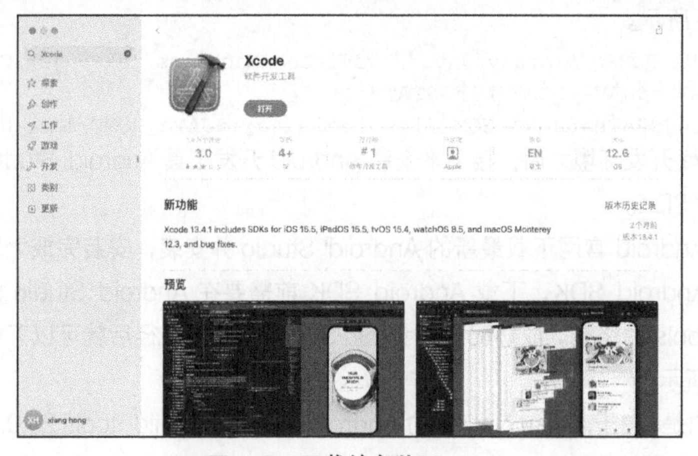

图 1-6 下载并安装 Xcode

Xcode 必须通过 Apple 官网或者 App Store 进行下载，否则容易出现非法代码植入和代码泄漏的风险。比如，2015 年 9 月发生的 XcodeGhost 非法代码植入事件，就是由开发者使用非官方的 Xcode 导致的。

同时，React Native 项目的原生 iOS 部分使用 CocoaPods 来管理第三方依赖库，所以在搭建 iOS 开发环境前还需要安装 CocoaPods 库管理工具。如果还没有安装 CocoaPods，可以使用下面的命令进行安装，并且我们更推荐使用 Homebrew 的方式进行安装。

```
sudo gem install cocoapods
```

或者

```
brew install cocoapods    //推荐
```

Homebrew 是一款 macOS 平台下的软件包管理工具，支持软件包的安装、卸载、更新、查看等功能。安装完成之后，可以使用 pod -version 命令来验证是否安装成功，安装成功会输出 CocoaPods 的版本信息。

需要注意的是，对于 Mac M1 架构的设备，Cocoapods 可能存在一些兼容问题，此时可以尝试运行如下命令进行修复。

```
sudo arch -x86_64 gem install ffi
arch -x86_64 pod install
```

1.3 React Native 开发工具

1.3.1 Visual Studio Code

“工欲善其事，必先利其器”。一款好的开发工具不仅可以提高开发效率，还能在其他插件的支持下降低程序出问题的概率。由于 React Native 跨平台应用开发主要使用的是 JavaScript 语言，所以推荐 Visual Studio Code（VS Code）和 WebStorm 两款前端开发利器。

VS Code 是 Microsoft 于 2015 年发布的一款免费开源的现代化轻量级代码编辑工具，支持 C++、C#、Python、PHP 和 Dart 等开发语言，同时它还支持 JavaScript、TypeScript 和 Node.js 等，是一款真正轻量且强大的跨平台开源代码编辑工具。

如果使用 VS Code 来开发 React Native 应用，那么需要先安装 React Native Tools 插件，React Native Tools 插件提供了 React Native 开发所需的环境支持。如图 1-7 所示，打开 VS Code，然后单击 React Native 左侧的【EXTENSIONS】按钮，在搜索框中输入“React Native Tools”关键字搜索插件，选择该插件并安装。

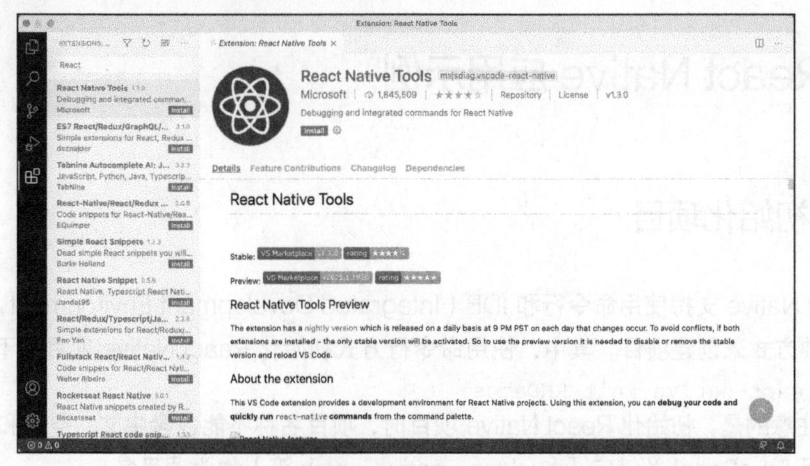

图 1-7 安装 React Native Tools 插件

除了 React Native Tools 插件外，在 React Native 应用开发中，为了提高开发效率，方便代码调试，还需要安装 Dash、ESLint、Path Intellisense 和 Typings auto installer 等插件。

1.3.2 WebStorm

除了 VS Code 工具外，本书也推荐使用 WebStorm 来开发 React Native 跨平台应用。WebStorm 是 JetBrains 公司旗下的一款 JavaScript 开发工具，被前端开发者誉为“Web 开发神器”，可以使用它进行 Web 前端和客户端应用的开发工作。

WebStorm 继承了 IntelliJ IDEA（Java 语言的集成开发环境）的强大功能，支持 macOS、Windows 和 Linux 等主流操作系统。同时，新版的 WebStorm 已经默认添加了对 React Native 开发环境的支持，WebStorm 提供的图形化界面使用户可以很方便地创建、运行及调试项目，如图 1-8 所示。

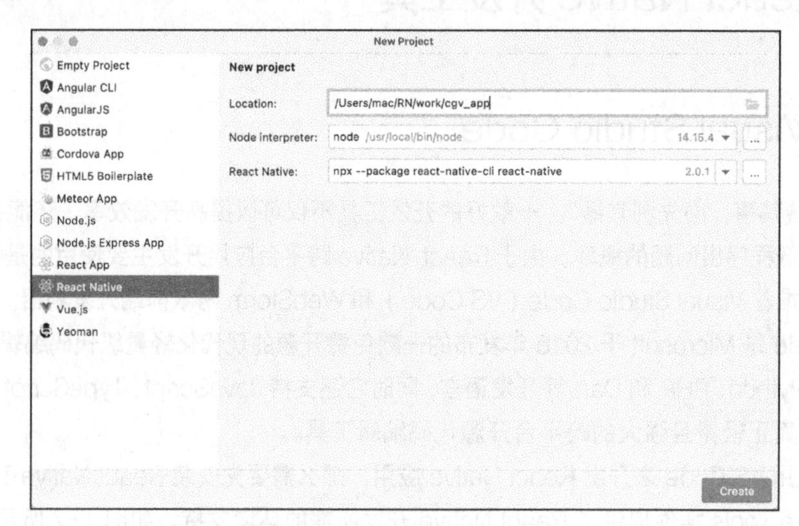

图 1-8 使用 WebStorm 新建 React Native 项目

当然，不管是使用 VS Code 还是 WebStorm，能够提高开发效率才是最重要的。

1.4 React Native 应用示例

1.4.1 初始化项目

React Native 支持使用命令行和 IDE（Integrated Development Environment，集成开发环境）两种方式来创建项目。其中，使用命令行方式初始化 React Native 项目如下所示。

```
npx react-native init RNDemos
```

需要注意的是，初始化 React Native 项目时，项目名称不能包含中文、空格和特殊符号，也不能使用 JavaScript 关键字（如 class、native、new 等）作为项目名。

同时，React Native 在初始化项目时还支持指定版本和项目模板，如下所示。

```
//指定版本
npx react-native init AwesomeProject --version 0.66.0
//指定项目模板
npx react-native init AwesomeTSProject --template react-native-template
-typescript
```

当然，除了命令行方式外，我们还推荐使用 VS Code 或 WebStorm 等可视化编辑工具来创建 React Native 项目。

React Native 项目创建成功之后，系统还会自动安装项目所需的第三方依赖库。然后，使用 VS Code 或 WebStorm 打开 React Native 项目查看其结构，如图 1-9 所示。

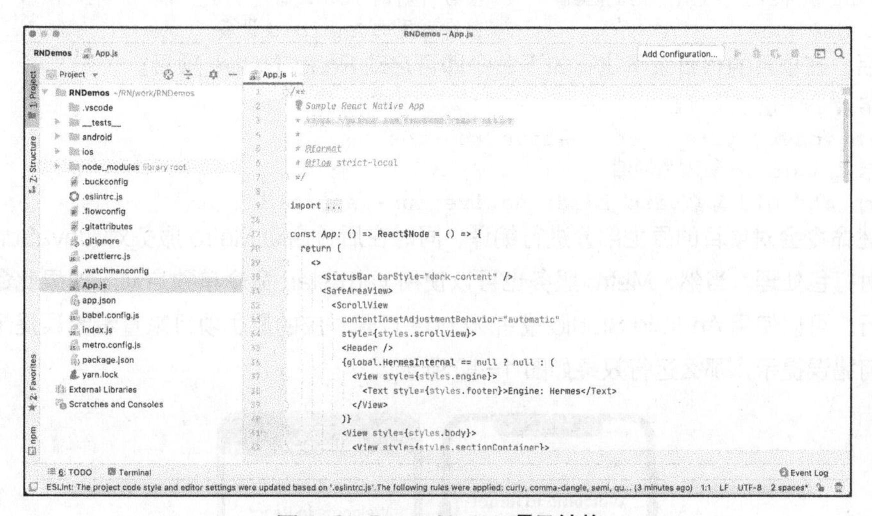

图 1-9 React Native 项目结构

在新创建的 React Native 项目中，有几个重要的文件目录需要说明，如表 1-1 所示。

表 1-1 React Native 项目文件目录说明

文件目录	说明
__tests__	React Native 项目单元测试文件
android	原生 Android 项目文件夹
ios	原生 iOS 项目文件夹
node_modules	React Native 项目的第三方依赖库
index.js	React Native 项目的入口文件
package.json	React Native 项目配置文件

在 React Native 应用开发中，我们需要重点关注的是 index.js 和 package.json 文件。index.js 是应用的入口，也是应用业务的入口；package.json 则用于管理工程配置。

接下来，我们打开 React Native 项目结构下的 android 和 ios 文件目录。可以发现，其结构和原生 Android、iOS 的项目结构是一样的，这也从侧面说明开发 React Native 应用是需要原生 Android、iOS 环境支持的。

1.4.2 运行项目

在运行 React Native 项目之前，需要配置好原生开发环境，即运行 iOS 应用需要正确安装和配置 Xcode、Cocoa Pods，运行 Android 应用需要正确安装和配置 Android Studio 和 Android SDK Tools。

同时，为了能够正常地运行项目，还需要在项目运行之前启动模拟器或者真机设备。启动模拟器或真机设置后，我们可以使用如下命令来查看可用的设备。

```
xcrun simctl list devices    //查看可用的 iOS 设备
adb devices                  //查看可用的 Android 设备
```

然后，在项目的根目录下执行如下命令即可启动 React Native 项目。

```
//启动 iOS 版本的项目
yarn ios 或者 yarn react-native run-ios
//启动 Android 版本的项目
yarn android 或者 yarn react-native run- android
```

上述命令会对项目的原生部分进行编译，同时在后台启动 Metro 服务对 JavaScript 代码进行实时打包处理。当然，Metro 服务也可以使用 yarn start 命令单独启动。如果此命令无法正常运行，可以使用 Android Studio 或者 Xcode 打开对应的原生项目来查看错误提示。如果没有任何错误提示，那么运行效果如图 1-10 所示。

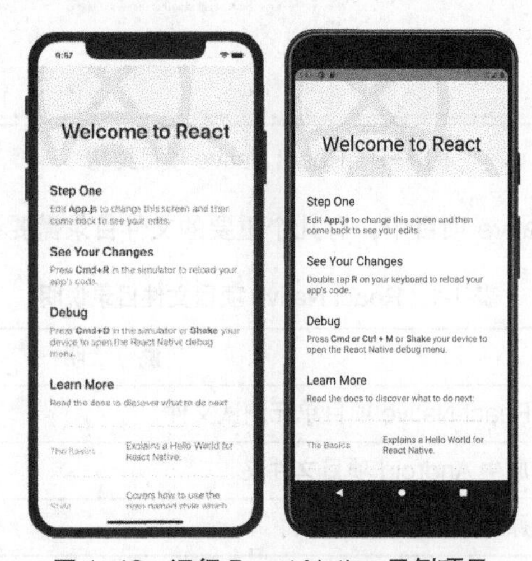

图 1-10 运行 React Native 示例项目

需要说明的是，如果我们的计算机同时连接了多个移动设备，那么在启动项目的时候需要指定运行的设备，如下所示。

```
yarn ios --simulator "iPhone 12"
yarn android emulator -5554
```

1.4.3 修改示例项目

为了让大家快速地感受到 React Native 的魅力，我们打开示例项目 lib 目录下的 main.dart

文件，然后修改欢迎语句，如下所示。

```
const Header = ():Node => (
  <ImageBackground
    accessibilityRole={'image'}
    source={require('./logo.png')}
    style={styles.background}
    imageStyle={styles.logo}>
    <Text style={styles.text}>你好，欢迎使用 React Native</Text>
  </ImageBackground>
);
```

然后，重新运行项目，就可以看到欢迎语句发生了变化，如图 1-11 所示。

图 1-11　修改 React Native 示例项目

1.4.4　调试项目

调试是软件开发过程中重要的步骤，也是保证软件质量的重要手段。应用调试不仅可以帮助开发者快速地定位软件中存在的问题，还可以帮助初学者快速理解软件功能。

由于 React Native 项目主要使用 React 前端语言进行开发，所以调试 React Native 需要使用 Chrome 的 DevTools，而 Chrome 浏览器默认集成了这一工具。而且，React Native 集成了对 Chrome 的 DevTools 的支持，开发者可以很容易地使用该工具调试 React Native 应用。

使用真机开发时，只需要晃动设备即可打开调试功能。如果开发时使用的是模拟器，那么可以使用快捷键来打开调试功能，Android 模拟器调试的快捷键是【Command + M】，iOS 模拟器调试的快捷键是【Command + D】。具体如图 1-12 所示。

需要说明的是，如果使用真机进行调试，那么调试的真机和开发程序的计算机需要处于同一个 Wi-Fi 网络下，否则将会出现无法连接的情况。

接着，只需要单击屏幕上的【Debug】选项即可开启远端调试功能。开启远端调试功能时，系统会自动打开 Chrome 浏览器的调试界面，如图 1-13 所示。

图 1-12　打开调试功能

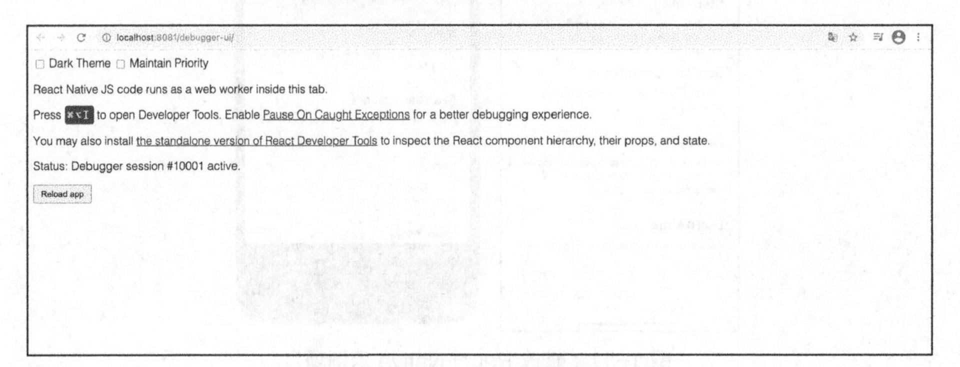

图 1-13　Chrome 浏览器调试界面

然后，依次单击 Chrome 浏览器的【菜单】→【更多工具】→【开发者工具】，或者使用快捷键【Command + Option + I】打开调试窗口，如图 1-14 所示。

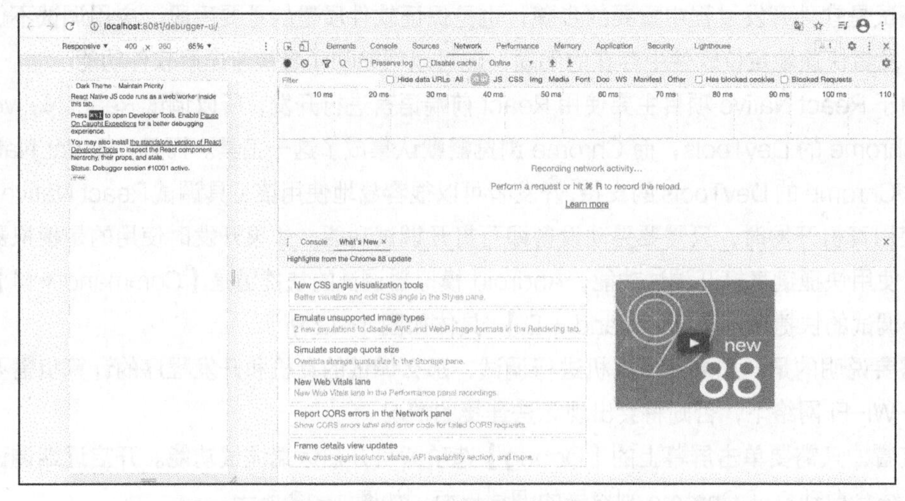

图 1-14　使用 Chrome 浏览器调试 React Native 应用

可以发现，React Native 的程序调试和前端程序调试几乎是一样的，如果读者有前端开发的基础，那么 React Native 开发可以做到快速上手。

接下来，我们将调试面板切换到 Sources，然后使用快捷键【Command + O】找到需要调试的文件，在需要调试的地方添加一个断点，再次运行程序即可执行断点调试操作，如图 1-15 所示。

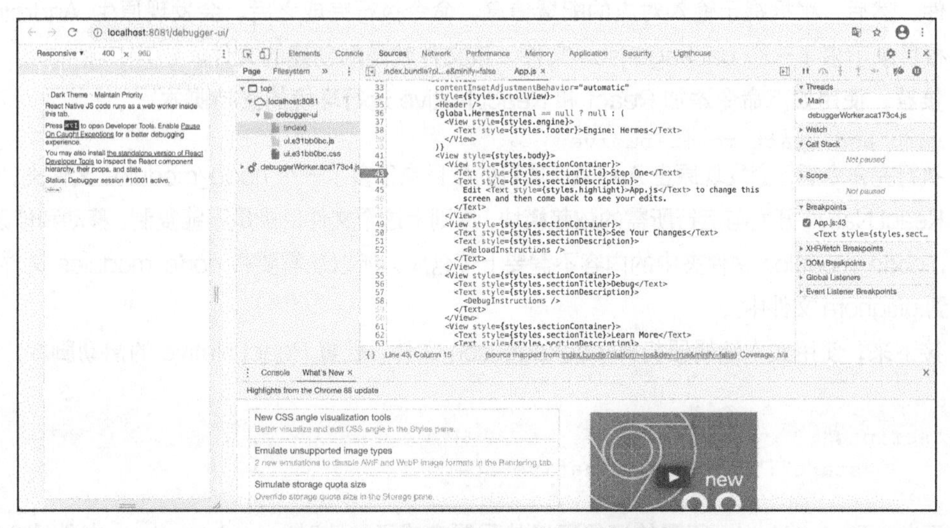

图 1-15 React Native 应用断点调试

当程序运行到添加断点的地方时，就会自动挂起。此时，可以在调试面板的右侧获取如下信息：应用的线程状态、变量值、调用栈、全局监听器等。而 Chrome DevTools 提供的单步跳过、单步进入、跳转到光标等调试操作也可以方便用户查看程序的具体信息，如图 1-16 所示。

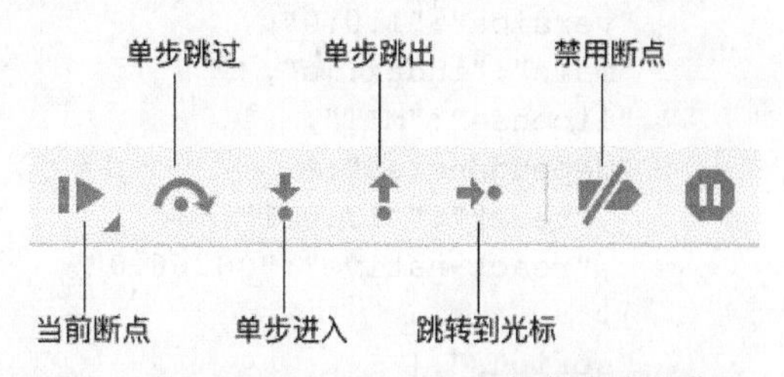

图 1-16 Chrome DevTools 断点调试步进区

借助 Chrome DevTools 提供的断点调试工具，开发者可以很方便地查看当前程序运行的状态信息。

除了可开启远端调试功能的 Debug 选项外，React Native 还提供了很多其他有用的选项，如 Reload、Enable Live Reload 和 Enable Hot Reloading 等。其中，开启 Enable Live Reload 选项时，不需要手动触发即可实现动态加载更新；开启 Enable Hot Reloading 选项时，进行任何代码上的修改均不需要重新启动应用即可看到修改后的效果。

1.5 集成到原生应用

使用 React Native 从零开始开发一款移动应用是一件很惬意的事情，但对于一些已经上线多年的产品，完全摒弃原有应用的历史沉淀，全面转向 React Native 是不现实的。因此，使用 React Native 去统一原生 Android、iOS 应用的技术栈，把它作为已有原生应用的扩展模块，是目前集成 React Native 最有效的方式之一。

1.5.1 集成到原生 Android 项目

首先，在原生 Android 项目的根目录下执行 yarn init 命令创建一个名为 package.json 的空文件。然后，根据提示输入对应的配置信息。命令执行完成之后，会发现原生 Android 项目的根目录下多了一个 package.json 文件，该文件就是刚创建的文件。

接着，使用如下命令添加 React 和 React Native 运行环境的支持脚本。

```
yarn add react react-native
```

执行完命令后，会发现原生 Android 项目的根目录下多了一个 node_modules 文件夹，里面包含 React Native 开发与运行所需的依赖模块，原则上这个文件目录是不能复制、移动和修改的，并且，node_modules 文件夹中的内容不需要上传仓库，所以还需要将 node_modules 文件目录记录到.gitignore 文件中。

接下来，使用文本编辑器打开 package.json 文件，配置 React Native 的启动脚本，代码如下。

```
"scripts":{
     "start":"yarn react-native start",
  },
```

至此，React Native 所需的运行环境就配置完成了。此时，package.json 文件的全部内容如下所示。

```
{
  "name":"AndroidDemo",
  "version":"1.0.0",
  "main":"index.js",
  "license":"MIT",
  "dependencies":{
    "react":"^17.0.1",
    "react-native":"^0.66.0"
  },
  "scripts":{
    "start":"yarn react-native start"
  }
}
```

打开原生 Android 项目，然后在其根目录下创建一个 index.js 文件，将它作为 React Native 模块的入口，代码如下。

```
import React from 'react';
import {AppRegistry, StyleSheet, Text, View} from 'react-native';

class HelloWorld extends React.Component {
     render() {
         return (
              <View style={styles.container}>
                        <Text style={styles.hello}>Hello, React Native
</Text>
              </View>
```

```
            );
        }
    }

    const styles = StyleSheet.create({
        container:{
            flex:1,
            justifyContent:'center',
        },
        hello:{
            fontSize:20,
            textAlign:'center',
            margin:10,
        },
    });

    AppRegistry.registerComponent('MyReactNativeApp', () => HelloWorld);
```

接下来，我们使用 Android Studio 打开原生 Android 项目，并在 app 目录下的 build.gradle 文件的 dependencies 代码块中添加 React Native 和 JSC（Java Script Core）引擎依赖，如下所示。

```
dependencies {
    ...
    implementation "com.facebook.react:react-native:+"
    implementation "org.webkit:android-jsc:+"
}
```

需要说明的是，如果不指定依赖的版本，那么默认使用的是 package.json 文件中配置的 React Native 版本。然后，在项目的 build.gradle 文件的 allprojects 代码块中添加 React Native 和 JSC 引擎的路径，如下所示。

```
allprojects {
    repositories {
        maven {
            url "$rootDir/../node_modules/react-native/android"
        }
        maven {
            url("$rootDir/../node_modules/jsc-android/dist")
        }
        ...
    }
    ...
}
```

然后，打开 AndroidManifest.xml 清单文件，添加网络权限代码，如下所示。

```
<uses-permission android:name="android.permission.INTERNET" />
```

如果需要访问开发者调试菜单，还需要在 AndroidManifest.xml 清单文件中注册 DevSettings Activity 页面，如下所示。

```
<activity android:name="com.facebook.react.devsupport.DevSettingsActivity" />
```

接下来，新建一个 Activity 作为 React Native 的容器页面，并在 Activity 中创建一个 React RootView 对象，然后在这个对象中启动 React Native 应用代码，如下所示。

```
    public class MyReactActivity extends Activity implements DefaultHardware
BackBtnHandler {

        private ReactRootView mReactRootView;
    private ReactInstanceManager mReactInstanceManager;

        @Override
        protected void onCreate(@Nullable Bundle savedInstanceState) {
            super.onCreate(savedInstanceState);
            SoLoader.init(this, false);
            mReactRootView = new ReactRootView(this);
            mReactInstanceManager = ReactInstanceManager.builder()
                    .setApplication(getApplication())
                    .setCurrentActivity(this)
                    .setBundleAssetName("index.android.bundle")
                    .setJSMainModulePath("index")
                    .addPackage(new MainReactPackage())
                    .setUseDeveloperSupport(BuildConfig.DEBUG)
                    .setInitialLifecycleState(LifecycleState.RESUMED)
                    .build();
            mReactRootView.startReactApplication(mReactInstanceManager,
"MyReactNativeApp", null);
            setContentView(mReactRootView);
        }

        @Override
        public boolean onKeyUp(int keyCode, KeyEvent event) {
             if (keyCode == KeyEvent.KEYCODE_MENU && mReactInstanceManager
 != null) {
                mReactInstanceManager.showDevOptionsDialog();
                return true;
            }
            return super.onKeyUp(keyCode, event);
        }
    }
```

可以使用 Android Studio 的【Alt + Enter】快捷键自动导入缺失的语句。BuildConfig 是编译时自动生成的，无须额外引入。

由于 React Native 应用调试还需要打开悬浮窗权限，所以需要在原生 Android 项目的代码中添加悬浮窗权限逻辑，如下所示。

```
    private final int OVERLAY_PERMISSION_REQ_CODE = 1;

    private void requestPermission() {
             if (Build.VERSION.SDK_INT >= Build.VERSION_CODES.M) {
                 if (!Settings.canDrawOverlays(this)) {
                     Intent intent = new Intent(Settings.ACTION_MANAGE
_OVERLAY_PERMISSION,
                               Uri.parse("package:" + getPackageName()));
                     startActivityForResult(intent,
    OVERLAY_PERMISSION_REQ_CODE);
                 }
```

```
            }
    }

    @Override
    protected void onActivityResult(int requestCode, int resultCode, Intent
 data) {
        if (requestCode == OVERLAY_PERMISSION_REQ_CODE) {
            if (Build.VERSION.SDK_INT >= Build.VERSION_CODES.M) {
                if (!Settings.canDrawOverlays(this)) {
                    // SYSTEM_ALERT_WINDOW permission not granted
                }
            }
        }
        mReactInstanceManager.onActivityResult( this, requestCode, resultCode,
data );
    }
```

接下来，我们在 AndroidManifest.xml 清单文件中注册 MyReactActivity，此处我们直接使用 MyReactActivity 替换 MainActivity 作为应用的主页面，如下所示。

```
    <activity
        android:name=".MyReactActivity"
        android:theme="@style/Theme.AppCompat.Light.NoActionBar">
    <intent-filter>
            <action android:name="android.intent.action.MAIN" />
            <category android:name="android.intent.category.LAUNCHER" />
        </intent-filter>
    </activity>
```

完成上述操作后，我们在 src/main 目录下创建一个 assets 资源文件夹，然后执行如下打包命令。

```
    react-native bundle --platform android --entry-file index.js --bundle-o
utput app/src/main/assets/index.android.bundle --dev false
```

接着，执行 yarn start 命令启动 React Native 所需的服务，然后重新运行原生 Android 项目即可看到效果，如图 1-17 所示。

图 1-17 在原生 Android 项目中集成 React Native

1.5.2 集成到原生 iOS 项目

在原生 iOS 项目中集成 React Native 的步骤和在原生 Android 项目中是一样的。首先，需要在原生 iOS 项目的根目录下创建一个 package.json 文件，然后添加如下脚本代码。

```
{
  "name":"RNiOS",
  "version":"1.0.0",
  "main":"index.js",
  "license":"MIT",
  "dependencies":{
    "react":"^17.0.1",
    "react-native":"^0.66.0"
  },
  "scripts":{
    "start":"yarn react-native start"
  }
}
```

然后，执行 yarn install 命令安装 React Native 需要的依赖包。接着，新建一个 index.js 文件作为 React Native 部分的入口，代码如下。

```
import React from 'react';
import {AppRegistry,StyleSheet,Text,View} from 'react-native';

class ReactHost extends React.Component {
  render() {
    return (
      <View style={styles.container}>
        <Text style={styles.hello}>2048 High Scores</Text>
      </View>
    )
  }
}

AppRegistry.registerComponent('MyReactNativeApp', () => ReactHost);
```

接下来，在 iOS 项目的根目录下使用 pod init 命令创建一个 Podfile 文件，添加如下依赖包脚本。

```
# target 的名字一般与你的项目名字相同
    pod 'FBLazyVector', :path => "../node_modules/react-native/Libraries/
FBLazyVector"
    pod 'FBReactNativeSpec', :path => "../node_modules/react-native/Libraries/
FBReactNativeSpec"
    pod 'RCTRequired', :path => "../node_modules/react-native/Libraries/
RCTRequired"
    pod 'RCTTypeSafety', :path => "../node_modules/react-native/Libraries/
TypeSafety"
    pod 'React', :path => '../node_modules/react-native/'
    pod 'React-Core', :path => '../node_modules/react-native/'
    pod 'React-CoreModules', :path => '../node_modules/react-native/React/
```

```
CoreModules'
      pod 'React-Core/DevSupport', :path => '../node_modules/react-native/'
      pod 'React-RCTActionSheet', :path => '../node_modules/react-native/
Libraries/ActionSheetIOS'
      pod 'React-RCTAnimation', :path => '../node_modules/react-native/
Libraries/NativeAnimation'
      pod 'React-RCTBlob', :path => '../node_modules/react-native/Libraries/
Blob'
      pod 'React-RCTImage', :path => '../node_modules/react-native/Libraries/
Image'
      pod 'React-RCTLinking', :path => '../node_modules/react-native/Libraries/
LinkingIOS'
      pod 'React-RCTNetwork', :path => '../node_modules/react-native/Libraries/
Network'
      pod 'React-RCTSettings', :path => '../node_modules/react-native/Libraries/
Settings'
      pod 'React-RCTText', :path => '../node_modules/react-native/Libraries/
Text'
      pod 'React-RCTVibration', :path => '../node_modules/react-native/
Libraries/Vibration'
      pod 'React-Core/RCTWebSocket', :path => '../node_modules/react-native/'

      pod 'React-cxxreact', :path => '../node_modules/react-native/ReactCommon/
cxxreact'
      pod 'React-jsi', :path => '../node_modules/react-native/ReactCommon/jsi'
      pod 'React-jsiexecutor', :path => '../node_modules/react-native/React
Common/jsiexecutor'
      pod 'React-jsinspector', :path => '../node_modules/react-native/React
Common/jsinspector'
      pod 'ReactCommon/callinvoker', :path => "../node_modules/react-native/
ReactCommon"
      pod 'ReactCommon/turbomodule/core', :path => "../node_modules/react-
native/ReactCommon"
      pod 'Yoga', :path => '../node_modules/react-native/ReactCommon/yoga'

      pod 'DoubleConversion', :podspec => '../node_modules/react-native/
third-party-podspecs/DoubleConversion.podspec'
      pod 'glog', :podspec => '../node_modules/react-native/third-party-
podspecs/glog.podspec'
      pod 'Folly', :podspec => '../node_modules/react-native/third-party-
podspecs/Folly.podspec'

    end
```

需要说明的是，上面的脚本是启动 React Native 部分所必需的，并且每个 React Native 版本依赖的 Podfile 文件会有细微的差别。完成上述配置之后，使用 pod install 命令安装所需的依赖包。

接着，使用 Xcode 打开原生 iOS 项目，在 ViewController.m 启动文件中添加如下代码。

```
    - (IBAction)highScoreButtonPressed:(id)sender {
          NSLog(@"High Score Button Pressed");
          NSURL *jsCodeLocation = [NSURL URLWithString:@"http://localhost:
8081/index.bundle?platform=ios"];
```

```
        RCTRootView *rootView =
          [[RCTRootView alloc] initWithBundleURL:jsCodeLocation
                                        moduleName:@"RNHighScores"
                                initialProperties:
                                    @{
                                      @"scores":@[
                                        @{
                                         @"name":@"Alex",
                                         @"value":@"42"
                                        },
                                        @{
                                         @"name":@"Joel",
                                         @"value":@"10"
                                        }
                                      ]
                                    }
                                      launchOptions:nil];
        UIViewController *vc = [[UIViewController alloc] init];
        vc.view = rootView;
        [self presentViewController:vc animated:YES completion:nil];
    }
```

执行完上面的代码后，应用会打开 React Native 的 index.js 页面，并且从原生 iOS 项目部分获取的数据也会显示到屏幕上。

最后，使用 yarn start 命令启动 Node.js 服务，重新运行原生 iOS 项目即可看到效果，如图 1-18 所示。

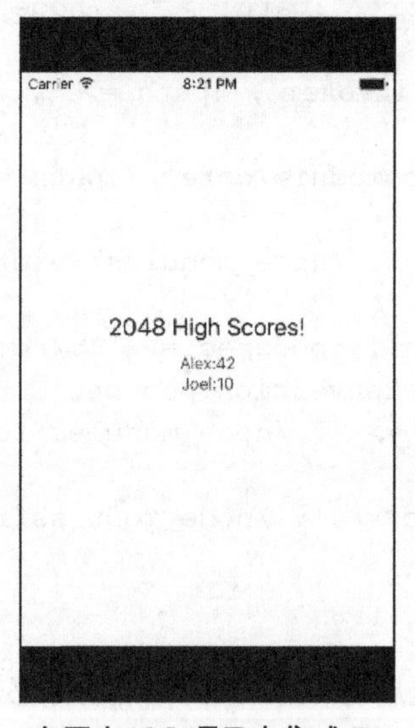

图 1-18　在原生 iOS 项目中集成 React Native

1.5.3　开发机顶盒应用

除了开发移动端的应用外，React Native 还支持开发机顶盒应用。要开发机顶盒应用，只需在 JavaScript 端对代码进行简单的修改即可。

对于 Android TV 来说，打开原生 Android 项目的 AndroidManifest.xml 清单文件，然后添加如下配置。

```
<application
  ...
  android:banner="@drawable/tv_banner">
    ...
    <intent-filter>
      ...
      <!-- Android TV 横向显示 -->
      <category
  android:name="android.intent.category.LEANBACK_LAUNCHER"/>
    </intent-filter>
    ...
  </application>
```

因为机顶盒应用和移动端应用的布局方式是不一样的，所以在 JavaScript 端需要加入检测设备的代码，然后根据运行的设备调用不同的布局代码，如下所示。

```
import { Platform } from "react-native";
const running_on_tv = Platform.isTV;
```

1.6 本章小结

作为目前流行的移动跨平台技术方案之一，React Native 不仅兼顾了开发难易程度、性能、成本和复用等产品开发中的诸多因素，还拥有强大的开源社区和开发群体。而且它使用 React 作为基本的开发语言，也为前端开发者快速上手移动应用开发提供了捷径。

本章主要从 React Native 简介、环境搭建、开发工具、应用示例、集成到原生应用等方面介绍 React Native 开发中的基础知识，难度较低，可以快速上手。

习题

一、简述题

1. 请简单介绍一下 React Native 的优点和缺点。
2. 请简述 React Native 的新旧架构，以及新架构在哪方面进行了提升。
3. React Native 应用包含哪几个线程，都有什么作用?
4. React Native 的 Node.js 有什么作用?

二、实践题

1. 完成 React Native 环境的搭建，创建并运行示例项目。
2. 在原生 Android、iOS 项目中集成 React Native 模块，完成简单的跳转。
3. 熟悉 VS Code 和 WebStorm 等集成开发工具。

第 2 章 React 语法基础

2.1 JSX 语法

有别于传统的网页开发，React Native 使用全新的 JSX 语法来构建应用的页面。不过，JSX 并不算是一门开发语言，而是一种 JavaScript 的语法扩展，一种可以在 JavaScript 代码中使用 HTML 标签来编写 JavaScript 对象的语法糖，所以 JSX 本质上还是 JavaScript。目前，大多数 React 和 React Native 应用都可以使用 JSX 进行开发。

当然，开发 React 和 React Native 应用不一定非要使用 JSX 语法，也可以继续使用 JavaScript 进行开发。不过，因为 JSX 在定义上类似 HTML 的树形结构，所以使用 JSX 可以极大地提高开发效率且代码便于阅读，可以减少代码维护的成本。

不管是 React 还是 React Native 技术框架，其核心机制之一就是可以在内存中创建虚拟 DOM（Document Object Model，文档对象模型）元素，进而减少对实际 DOM 元素的操作，从而提升性能，而使用 JSX 语法可以很方便地创建虚拟 DOM 元素。例如，下面是使用 JSX 编写的 React Native 示例项目。

```
const App:() => React$Node = () => {
  return (
    <>
      <StatusBar barStyle="dark-content" />
      <SafeAreaView>
        <ScrollView
          contentInsetAdjustmentBehavior="automatic"
          style={styles.scrollView}>
          <View style={styles.body}>
            <View style={styles.sectionContainer}>
              <Text style={styles.sectionTitle}>Step One</Text>
              <Text style={styles.sectionDescription}>
                Edit <Text style={styles.highlight}>App.js</Text> to
change this
                screen and then come back to see your edits.
              </Text>
            </View>
          </View>
        </ScrollView>
```

```
        </SafeAreaView>
      </>
    );
};
```

其中，return 方法的作用是执行页面渲染操作，它返回的是一个视图（View）对象。之所以没有看到前端开发中创建对象和设置属性的代码，是因为 JSX 提供的 JSXTransformer.js 可以把代码中的 XML-Like（类 XML）语法编译并转换成 JavaScript 代码，进而被语言解析器所识别。

JSX 语法不仅可以帮助开发者创建视图对象、样式和布局，还可以帮助构建视图的树形结构。更重要的是，JSX 语法的可读性也非常好，非常适合前端页面开发。

2.2 React 语法基础

2.2.1 变量和常量

React Native 应用使用 ES6 及以上版本的语言进行开发。作为 JavaScript 语言的下一代标准，ES6 又被称为 ECMAScript 2015（简写为 ES2015）。目前，ES2020 已经发布，不过一些基础的语法与 ES6 相比基本上没有大的变化。

ES2020 沿用了 ES6 的一些基本语法规则，使用 let 关键字来声明变量。let 的作用和用法类似 var，但是 let 声明的变量只在 let 命令所在的代码块内有效，如下所示。

```
{
  let a =10;   //代码块内有效
  var b =1;
}
a  //ReferenceError
b  //1
```

在上面的代码中，我们分别使用 let 和 var 声明两个变量。不过，因为 let 声明的变量只在代码块内有效，所以在代码块外使用 let 声明的变量会报错，而使用 var 声明的变量则不会报错。

另外，在使用 let 声明变量时不允许在相同作用域内重复声明，如下的示例就是错误的。

```
function func(){
   let a =10;
   var a =1;
 }

//报错
function func(){
   let a =10;
   let a =1;
 }
```

声明变量使用的是 let 和 var 关键字，而声明常量使用的则是 const 关键字。使用 const

关键字声明的常量是一个只读常量，即一旦声明，它的值就不能改变，错误示例如下，当 PI 被声明后，其值就不能再改变。

```
const PI =3.1415;
PI =3;     //报错
```

2.2.2 类

作为一门基于原型的面向对象语言，JavaScript 一直没有类的概念，而是使用对象来模拟类。不过，ES6 添加了对类的支持，引入了 class 关键字。新的 class 写法让对象的创建和继承更加直观，也让父类方法的调用、实例化、静态方法和构造函数等概念更加清晰，如下所示。

```
class App extends Component {
   render(){
      return (<View></View>)
     }


}
```

并且，ES6 语法支持直接使用函数名字来定义方法，方法结尾也不需要使用逗号。

```
class App extends Component {
    componentWillMount(){}
}
```

如果需要为类添加属性，那么属性的类型和默认属性统一使用 static 关键字进行修饰，如下所示。

```
 class App extends React.Component {
     static defaultProps ={autoPlay:false};
static propTypes ={autoPlay:React.PropTypes.bool.isRequired};
     ... //省略其他属性
 }
```

不过，随着面向函数编程概念的兴起，面向对象编程正在逐渐被前端开发者淘汰。

2.2.3 箭头表达式

箭头表达式（=>）是一种函数的简化写法，如下所示。

```
var f =v =>v;
```

上述写法等价于

```
var f =
  function(v){
    return v;
};
```

如果箭头函数带有参数，可以使用圆括号对参数部分进行标识，如下所示。

```
var f =()=>5;
```

它等价于

```
var f =function (){
    return 5
};
```

如果箭头函数带有多个参数，需要用到圆括号进行标识，且参数之间使用逗号隔开，如下所示。

```
var sum =(a, b)=>a +b;
```

它等价于

```
var sum =function(a, b){
    return a +b;
 };
```

如果函数体涉及多条语句，就需要使用花括号进行标识，如下所示。

```
var add =(a, b)=>{
  if (typeof a =='number' &&typeof b =='number'){
      return a +b;
  }else {
      return 0;
  }
}
```

箭头函数可以简化函数的写法，不过使用时需要注意以下几点。

- 函数体内的 this 对象是定义时所在的对象，而不是使用时所在的对象。
- 箭头函数不支持 new 命令，如果使用该命令会抛出错误。
- 不可以使用 arguments 对象，该对象在函数体内不存在，如果要用，可以使用 rest 参数代替。
- 不支持使用 yield 命令，因此箭头函数不能用作 generator 函数。

2.2.4 模块

一直以来，JavaScript 都没有模块的概念，无法将一个大程序拆分成互相依赖的小程序，也无法将简单的小程序拼装起来构成一个模块。

在 ES6 出现之前，JavaScript 社区制订了一些模块化开发方案，如 AMD 和 CommonJS，前者适用于浏览器应用开发，而后者适用于服务器开发。不过随着 ES6 的出现，JavaScript 终于有了规范的模块开发体系，并且该体系逐渐成为浏览器应用开发和服务器开发通用的模块解决方案。

ES6 模块的核心思想是代码需要尽量静态化，使得在编译时就能确定模块之间的依赖关系，以及输入和输出的变量。ES6 模块有两个最重要的命令，即 export 和 import。其中，export 用于对外导出模块，import 用于导入模块。

通常，一个模块就是一个独立的文件，文件内部的所有变量都无法被外部获取，只有通过 export 命令导出后才能被其他模块使用。例如，有一个名为 a.js 的文件，代码如下。

```
var sex="boy";
var echo=function(value){
    console.log(value)
}
export {sex,echo}
```

如果要在其他文件中使用 a.js 文件里面的内容，就需要使用 export 命令导出模块，然后在对应的文件中使用 import 命令导入模块，代码如下。

```
import {sex,echo} from "./a.js"
console.log(sex)
console.log(echo(sex))
```

除此之外，多个模块之间也支持相互继承。例如circleplus模块，该模块继承自circle模块，代码如下。

```
export * from 'circle';
export var e =2.71828182846;
export default function(x){
    return Math.exp(x);
 }
```

在上面的代码中，使用export *导出circle模块的所有属性和方法，然后又导出自定义的e变量和默认方法。

2.2.5 Promise

Promise是JavaScript异步编程的一种解决方案，比传统的回调函数更合理、更强大。Promise概念最早由JavaScript社区提出和实现，并最终在ES6写进编程语言标准。

简单来说，Promise就是一个容器，里面保存着某个未来才会结束的事件的结果。从语法上说，Promise是一个对象，它可以通过异步方式获取操作的结果。使用Promise修饰的对象的状态不受外界影响，一旦状态改变就不会再变，任何时候都可以得到这个结果。

在JavaScript中，Promise对象是一个构造函数，用来生成Promise实例，它的状态对象包含pending、fulfilled、rejected 3种。Promise对象的状态转换示例如下。

```
const promise =new Promise(function(resolve, reject){
 if (success){
     resolve(value);
 }else{
    reject(error);
 }
});
```

在上面的示例中，Promise构造函数接收一个函数作为参数，该函数的两个参数分别是resolve和reject。其中，resolve参数的作用是将Promise对象的状态从pending变为resolved；而reject参数的作用则是将Promise对象的状态从pending变为rejected。

Promise实例生成以后，就需要使用then方法给resolved状态和rejected状态指定回调函数，格式如下。

```
promise.then(function(value){
//处理成功的情况
}, function(error){
//处理失败的情况
});
```

可以发现，then方法可以接收两个回调函数作为参数。第一个回调函数在Promise对象的状态为resolved时被调用，第二个回调函数在Promise对象的状态变为rejected时被调用。并且，两个函数都接收Promise对象传出的值作为参数，且第二个函数是可选的。下面使用Promise对象实现异步加载图片，代码如下。

```
function loadImageAsync(url){
  return new Promise(function(resolve, reject){
    const image =new Image();
    image.onload =function(){
      resolve(image);
    };
    image.onerror =function(){
      reject(new Error('Could not load image at ' +url));
    };
    image.src =url;
  });
}
```

2.2.6 async/await

async 函数是一个异步操作函数，用来标识函数是一个异步函数。不过从本质上来说，它仍然是一个普通函数，只不过是将普通函数的*替换成 async，将 yield 替换成 await 而已。作为 ES7 中新增的函数语法糖，async 函数可以以多种形式存在，如下所示。

```
async function foo(){}                    //函数方式声明
var bar =async function (){}              //表达式方式声明
var obj ={ async bazfunction(){}}         //对象方式声明
var fot =async()=>{}                      //箭头函数声明
```

async 函数返回的是一个 Promise 对象，可以使用 then 和 catch 方法来处理回调的结果。并且，在实际开发中，async 和 await 是配合使用的，如下所示。

```
async function getStockPriceByName(name){
  let symbol =await getStockSymbol(name);
  let price =await getPriceByName(symbol);
  return price
 }

getStockPriceByName('goog').then((result)=>{
   console.log(result);
  }).catch((err)=>{
   console.log(err)
})
```

在上面的代码中，函数在执行的时候，一旦遇到 await 就会先返回，等到异步操作完成后，再执行函数体内后面的语句。

同时，async 函数返回的 Promise 对象，必须等到内部所有 await 命令后面的 Promise 对象执行完成之后，状态才会发生改变。也就是说，只有 async 函数内部的异步操作执行完后，才会执行 then 方法指定的回调函数。

```
async function getTitle(url){
  let url=await fetch(url);
  let html =await url.text();
  return html.match('<title> github.com </title>');
}
```

```
getTitle('https://github.com').then();
```

在上面的示例代码中，getTitle 方法内部执行了 3 个操作，即获取网页、获取文本内容和匹配标题。当调用 getTitle 方法时，只有方法内部的操作全部执行完成，才会执行 then 方法后面的操作。

正常情况下，await 命令后面也是一个 Promise 对象，并且 await 命令只能在 async 声明的函数里面使用，不能在普通函数里面使用，如下所示。

```
async function r() {
    let result = await add(30,20);
    console.log(result);
}
```

在上面的代码中，await 命令后面返回的是一个 Promise 对象表达式，并返回两个数的和。如果 await 命令后面不是一个 Promise 对象，那么直接返回对应的值，如下所示。

```
async function f() {
  return await 123;
}
f().then(v => console.log(v))      //返回值 123
```

在上面的代码中，await 命令返回的不是一个 Promise 对象，而是数值 123，所以调用 async 函数时直接返回参数的数值。

当然，await 命令后面还可能是一个 thenable 对象，即定义 then 方法的对象，此时 await 命令会将其等同于一个 Promise 对象，如下所示。

```
class Sleep {
    constructor(timeout) {
      this.timeout = timeout;
    }
    then(resolve, reject) {
      ...
   }
}

(async () => {
    const actualTime = await new Sleep(1000);
    console.log(actualTime);
})();
```

上面的代码中，await 命令后面是一个 Sleep 对象的实例，此实例虽然不是 Promise 对象，但是由于它定义了 then 方法，所以 await 会将其视为一个 Promise 对象进行处理。

众所周知，在 async 函数中，任何一个 await 语句后面的 Promise 对象变为 reject 状态，整个 async 函数都会中断执行。如果希望一个异步操作失败后不中断后面的异步操作，那么可以将异常的部分放在 try...catch 语句结构里面，如下所示。

```
async function getData () {
  try {
      await somethingThatReturnPromise();
  } catch (err) {
      console.log(err);
  }
}
```

当然，上面的问题还有另外一种处理方法，即在 await 命令后面的 Promise 对象后加一个 catch 方法，以处理前面可能出现的错误。

```
async function getData() {
  await somethingThatReturnPromise().catch((err)=> {
    console.log(err);
  })
}
```

有时，我们会碰到多个不存在任何关系的 await 命令需要同时执行异步操作的情况，如下所示。

```
let foo = await getFoo();
let bar = await getBar();
```

上面的代码中，getFoo 和 getBar 是两个独立的异步操作方法，不存在任何依赖关系。但是上面的代码被写成继发关系，执行效率并不高，因为只有 getFoo 执行完成以后才会执行 getBar。其实完全可以让它们同时触发并执行。如果希望多个请求并发执行，那么可以使用 Promise.all 方法。

```
let [foo, bar] = await Promise.all([getFoo(), getBar()]);
```

2.3 React Hooks

2.3.1 React Hooks 简介

React Hooks 是 React 16.8 推出的新特性，它的目的是解决 React 的状态共享和组件生命周期管理混乱的问题。React Hooks 的出现标志着 React 不会再存在无状态组件，将只有类组件和函数组件的概念。

众所周知，React 应用开发中，组件的状态共享是一件很麻烦的事情，而 React Hooks 只共享数据处理逻辑，并不会共享数据本身，因此也就不需要关心数据与生命周期绑定的问题。下面是使用类组件实现计数器的示例。

```
class Example extends React.Component {
   constructor(props) {
     super(props);
     this.state = {
        count:0
     };
   }

   render() {
     return (
        <div>
          <p>You clicked {this.state.count} times</p>
          <button onClick={() => this.setState({ count:this.state.count
+ 1 })}>
             Click me
```

```
        </button>
      </div>
    );
  }
}
```

可以发现，使用类组件需要自己声明状态，并编写操作状态的方法，还需要维护组件的生命周期，特别麻烦。如果使用React Hooks提供的State Hook来处理状态，那么代码将会简洁许多，重构后的代码如下所示。

```
import React, { useState } from 'react';

function Example() {
  const [count, setCount] = useState(0);

  return (
    <div>
      <p>You clicked {count} times</p>
      <button onClick={() => setCount(count + 1)}>
        Click me
      </button>
    </div>
  );
}
```

可以看到，Example 从一个类组件变成了一个函数组件，此函数组件拥有自己的状态，并且不需要调用 setState 即可更新自己的状态。之所以可以如此操作，是因为类组件使用了useState函数。

2.3.2 useState

useState函数是React自带的一个Hook函数（Application Program Interface，应用程序接口），而Hook函数拥有对React状态和生命周期进行管理的能力。

可以看到，useState函数的输入参数只有一个，即state的初始值，这个初始值可以是数字、字符串、对象，甚至可以是一个函数，如下所示。

```
function Example (props) {
     const [ count, setCount ] = useState(() => {
       return props.count || 0
     })
     return (
       <div>
         You clicked :{ count }
         <button onClick={() => { setCount(count + 1)}}>
           Click me
         </button>
       </div>
     )
  }
```

并且，当输入参数是一个函数时，此函数只会在类组件初始渲染的时候被执行一次。

如果需要同时对一个 state 对象进行操作，那么可以直接使用函数。该函数会接收 state 对象的值，然后执行更新操作，如下所示。

```
function Example() {
  const [count, setCount] = useState(0);

  function handleClick() {
    setCount(count + 1)
  }

  function handleClickFn() {
    setCount((prevCount) => {
      return prevCount -1
    })
  }

  return (
      <>
        You clicked:{count}
        <button onClick={handleClick}>+</button>
        <button onClick={handleClickFn}>-</button>
      </>
  );
}
```

在上面的代码中，handleClick 和 handleClickFn 都是更新后得到的最新的状态值。而且在操作同一个状态对象值的时候，为了减少操作步骤，React 会把多次状态更新进行合并，然后一次性更新状态对象的值。

在 React 应用开发中，当某个组件的状态发生变化时，React 会以该组件为根，重新渲染整棵组件树，如下所示。

```
function Child({ onButtonClick, data }) {
  return (
    <button onClick={onButtonClick}>{data.number}</button>
  )
}

function Example () {
  const [number, setNumber] = useState(0)
  const [name, setName] = useState('hello')
  const addClick = () => setNumber(number + 1)
  const data = { number }
  return (
    <div>
      <input type="text" value={name} onChange={e => setName(e.target
.value)} />
      <Child onButtonClick={addClick} data={data} />
    </div>
  )
}
```

在上面的代码中，子组件引用 number 对象的数据。当父组件的 name 对象的数据发生变化时，子组件虽然没有发生任何变化，但它会执行重绘操作。在项目开发中，为了避免这种不必要的子组件重复渲染，需要使用useMemo和useCallback进行包裹，如下所示。

```
import {memo, useCallback, useMemo, useState} from "react";

function Child({ onButtonClick, data }) {
  return (
    <button onClick={onButtonClick}>{data.number}</button>
  )
}

Child = memo(Child)

function Example () {
  const [number, setNumber] = useState(0)
  const [name, setName] = useState('hello')
  const addClick = useCallback(() => setNumber(number + 1), [number])
  const data = useMemo(() => ({ number }), [number])
  return (
    <div>
      <input type="text" value={name} onChange={e => setName(e.target
.value)} />
      <Child onButtonClick={addClick} data={data} />
    </div>
  )
}
```

其中，useMemo和useCallback是React Hooks提供的两个API，主要用于缓存数据、优化和提升应用性能。两者的共同点是，只有当依赖的数据发生变化时，才会调用回调函数去重新计算结果。两者的不同点如下。

- useMemo：缓存的结果是回调函数返回的值。
- useCallback：缓存的结果是函数。因为每当函数组件的state发生变化时，就会触发整个组件更新，当使用useCallback之后，一些没有必要更新的函数组件就会缓存起来。

在上面的示例中，我们把函数对象和依赖项数组作为参数传入useMemo，因为使用了useMemo，所以只有当某个依赖项发生变化时才会重新计算缓存的值。使用useMemo和useCallback进行优化处理，可以有效避免每次渲染带来的性能开销。

2.3.3 useEffect

正常情况下，在React的函数组件的函数体中，网络请求、模块订阅和DOM操作都属于副作用代码，官方不建议开发者在函数体中写这些副作用代码，而Effect Hook就是专门用来处理这些副作用的。下面是使用类组件实现计数器的例子，副作用代码都写在componentDidMount和componentDidUpdate生命周期函数中。

```
class Example extends React.Component {
  constructor(props) {
    super(props);
```

```
    this.state = {
      count:0
    };
  }

  componentDidMount() {
    document.title = `You clicked ${this.state.count} times`;
  }

  componentDidUpdate() {
    document.title = `You clicked ${this.state.count} times`;
  }

  render() {
    return (
      <div>
        <p>You clicked {this.state.count} times</p>
        <button onClick={() => this.setState({ count:this.state.count
+ 1 })}>
          Click me
        </button>
      </div>
    );
  }
}
```

可以看到，componentDidMount 和 componentDidUpdate 两个生命周期函数中的代码是一样的。之所以出现同样的代码，是因为在很多情况下，我们希望在组件加载和更新时执行同样的操作。从概念上说，我们希望可以对它们进行合并处理，遗憾的是类组件并没有提供这样的方法。不过，现在使用 Effect Hook 就可以避免这种问题，如下所示。

```
import React, { useState, useEffect } from 'react';

function Example() {
  const [count, setCount] = useState(0);

  useEffect(() => {
    document.title = `You clicked ${count} times`;
  });

  return (
    <div>
      <p>You clicked {count} times</p>
      <button onClick={() => setCount(count + 1)}>
        Click me
      </button>
    </div>
  );
}
```

事实上，useEffect 只会在每次 DOM 渲染后执行，因此不会阻塞页面的渲染。并且，useEffect 同时具备 componentDidMount、componentDidUpdate 和 componentWillUnmount

等生命周期函数的执行时机。同时，我们还可以使用 useEffect 在组件内部直接访问 state 变量或 props 属性，因此可以在 useEffect 中执行函数值的更新操作。

在类组件中，通常会在 componentDidMount 生命周期函数中设置订阅消息，并在 componentWillUnmount 生命周期函数中清除设置。例如，使用一个 ChatAPI 模块来订阅好友的在线状态，如下所示。

```
class FriendStatus extends React.Component {
   constructor(props) {
     super(props);
     this.state = { isOnline:null };
     this.handleStatusChange = this.handleStatusChange.bind(this);
   }

   componentDidMount() {
     ChatAPI.subscribeToFriendStatus(
       this.props.friend.id,
       this.handleStatusChange
     );
   }

   componentWillUnmount() {
     ChatAPI.unsubscribeFromFriendStatus(
       this.props.friend.id,
       this.handleStatusChange
     );
   }

   handleStatusChange(status) {
     this.setState({
        isOnline:status.isOnline
     });
   }

   render() {
     if (this.state.isOnline === null) {
         return 'Loading...';
     }
     return this.state.isOnline ? 'Online':'Offline';
   }
}
```

可以发现，componentDidMount 和 componentWillUnmount 是相对应的，即在 component DidMount 生命周期函数中的设置需要在 componentWillUnmount 生命周期函数中进行清除。不过，手动处理模块订阅是相当麻烦的，但使用 Effect Hook 进行处理就会简单许多，如下所示。

```
import React, { useState, useEffect } from 'react';

function FriendStatus(props) {
  const [isOnline, setIsOnline] = useState(null);

  useEffect(() => {
```

```
    function handleStatusChange(status) {
      setIsOnline(status.isOnline);
    }

    ChatAPI.subscribeToFriendStatus(props.friend.id, handleStatusChange);

    return function cleanup() {
      ChatAPI.unsubscribeFromFriendStatus(props.friend.id, handleStatusChange);
    };
  });

  if (isOnline === null) {
      return 'Loading...';
  }
  return isOnline ? 'Online':'Offline';
}
```

事实上，每个 Effect 都会返回一个清除函数，当 useEffect 的返回值是一个函数的时候，React 会在组件卸载时执行一次清除操作。useEffect 会在每次渲染后执行，但有时我们希望只有在 state 或 props 改变的情况下才执行渲染。下面是类组件的写法。

```
componentDidUpdate(prevProps, prevState) {
  if (prevState.count !== this.state.count) {
    document.title = `You clicked ${this.state.count} times`;
  }
}
```

如果使用 React Hooks，只需要传入第二个参数，如下所示。

```
useEffect(() => {
  document.title = `You clicked ${count} times`;
}, [count]);
```

可以发现，第二个参数是一个数组，可以将 Effect 用到的所有 props 和 state 都传进去。如果只需要在组件挂载和卸载时才执行渲染，那么第二个参数可以为一个空数组，这样也可以避免重复操作。

除了 useEffect 外，useLayoutEffect 也可以执行副作用代码和执行清除操作。二者的不同之处在于，useEffect 是在浏览器渲染完成后执行，而 useLayoutEffect 是在浏览器渲染前执行。

2.3.4 useContext

在类组件中，组件之间的数据共享是通过属性 props 实现的。在函数组件中，由于没有构造函数 constructor 和属性 props 的概念，因此组件之间传递数据只能通过 useContext 来实现。

useContext 是 React Hooks 提供的一种实现跨层级组件数据传递的方式，可以很方便地订阅上下文对象值的改变，并在合适的时候重新渲染组件。useContext 的使用方式如下。

```
const value = useContext(MyContext);
```

可以看到，useContext 接收一个上下文对象 MyContext，并返回该上下文对象的当前值。

当前上下文对象的值由上层组件中距离当前组件最近的数据提供者决定。

useContext 的主要作用就是实现组件之间的数据传递。首先，新建一个名为 Example.js 的文件，并在其中添加如下代码。

```
import { useState,createContext} from "react";

const CountContext = createContext()

function Example(){
     const [ count , setCount ] = useState(0);

     return (
          <div>
               <p>You clicked {count} times</p>
               <button onClick={()=>{setCount(count+1)}}>click me</button>
               <CountContext.Provider value={count}>
               </CountContext.Provider>
          </div>
     )
}
```

在上面的代码中，我们把 count 变量使用 Provider 包裹起来，即允许它实现跨层级组件值的传递，当父组件的 count 变量发生变化时，子组件也会发生变化。

有了上下文对象之后，就可以使用 useContext 接收上下文对象的值了。在 Example.js 文件中新建一个 Counter 组件，用来显示上下文对象 count 变量的值，代码如下。

```
function Counter(){
     const count = useContext(CountContext)
     return (<h2>{count}</h2>)
}
```

然后，我们还需要在<CountContext.Provider>标签中引入 Counter 组件，如下所示。

```
<CountContext.Provider value={count}>
    <Counter/>
</CountContext.Provider>
```

可以发现，使用 useContext 方式在组件之间传递数据时，需要使用 Provider 包裹要传递的变量。

2.3.5 自定义 Hook

通过自定义 Hook，我们可以将组件逻辑提取到可重用的函数中。在 2.3.3 小节的 ChatAPI 模块中，使用 React Hooks 显示好友在线状态的代码如下所示。

```
import React, { useState, useEffect } from 'react';

function FriendStatus(props) {
  const [isOnline, setIsOnline] = useState(null);

  useEffect(() => {
    function handleStatusChange(status) {
```

```
      setIsOnline(status.isOnline);
    }
    ChatAPI.subscribeToFriendStatus(props.friend.id, handleStatusChange);
    return () => {
      ChatAPI.unsubscribeFromFriendStatus(props.friend.id, handleStatusChange);
    };
  });

  if (isOnline === null) {
      return 'Loading...';
  }
  return isOnline ? 'Online':'Offline';
}
```

现在，假设聊天应用中有一个联系人列表，当用户在线时需要把用户的名字设置为绿色。要实现这个功能，需要新建一个 FriendListItem 组件，并添加如下代码。

```
function FriendListItem(props) {

  ... //省略其他相同的代码

  return (
    <li style={{ color:isOnline ? 'green':'black' }}>
      {props.friend.name}
    </li>
  );
}
```

可以发现，FriendStatus 和 FriendListItem 之间的状态逻辑基本上是一样的。在类组件中，共享组件之间的状态逻辑可以使用 props 和高阶组件两种方式。而在 React Hooks 中，如果要共享两个函数之间的状态逻辑，可以自定义一个 Hook 来封装订阅的状态逻辑，如下所示。

```
import React, { useState, useEffect } from 'react';

function useFriendStatus(friendID) {
  const [isOnline, setIsOnline] = useState(null);

  useEffect(() => {
    function handleStatusChange(status) {
      setIsOnline(status.isOnline);
    }

    ChatAPI.subscribeToFriendStatus(friendID, handleStatusChange);
    return () => {
      ChatAPI.unsubscribeFromFriendStatus(friendID, handleStatusChange);
    };
  });
  return isOnline;
}
```

在 React 中，自定义的 Hook 是一个以 use 开头的函数，函数内部可以调用其他的 Hook，并且在自定义 Hook 时，输入参数和返回值都可以根据需要自定义，没有特殊的约定。

现在，需要共享的状态逻辑已经被提取到 useFriendStatus 的自定义 Hook 中。之后，我们就可以像使用普通函数一样调用自定义的 Hook 函数，如下所示。

```
function FriendStatus(props) {
  const isOnline = useFriendStatus(props.friend.id);

  if (isOnline === null) {
    return 'Loading...';
  }
  return isOnline ? 'Online':'Offline';
}


function FriendListItem(props) {
  const isOnline = useFriendStatus(props.friend.id);

  return (
    <li style={{ color:isOnline ? 'green':'black' }}>
       {props.friend.name}
    </li>
  );
}
```

自定义 Hook 是一种重用状态逻辑的机制，所以每次使用自定义 Hook 时，所有 state 和副作用代码都是完全隔离的。需要再次强调的是，给自定义 Hook 命名时需要以 use 开头，这是为了静态代码检测工具能够进行检测。

2.3.6 Hook 使用规则

Hook 本质上是一个 JavaScript 函数，但是在使用它时需要遵循以下两条规则。

- 只能在最顶层使用 Hook，不能在循环、条件语句或嵌套函数中调用 Hook。
- 只能在 React 函数中调用 Hook，不能在普通 JavaScript 函数中调用 Hook。

Hook 的设计极度依赖事件定义的顺序，如果在后续的渲染环节中，Hook 的调用顺序发生变化，就可能会出现不可预知的问题。在 React 应用开发过程中，为了保证 Hook 调用顺序的稳定性，官方开发了一个名叫 eslint-plugin-react-hooks 的 ESLint 插件来进行静态代码检测。使用前，需要先将此插件添加到 React 项目中，如下所示。

```
npm install eslint-plugin-react-hooks --save-dev
```

安装完成后，会在 package.json 配置文件中看到如下配置脚本。

```
{
  "plugins":[
     ...  //省略其他插件包
    "react-hooks"
  ],
  "rules":{
     ...    //省略其他规则
    "react-hooks/rules-of-hooks":"error",    //检查 Hook 的规则
    "react-hooks/exhaustive-deps":"warn"     //检查 Effect 的依赖
  }
}
```

经过上面的配置后，如果代码不符合 Hook 规范，那么系统就会给出相应的警告，提示开发者进行对应的修改。

2.4 Hook API

除了 useState、useEffect、useContext 等基础 Hook API 外，比较常用的 Hook API 还有 useReducer、useMemo、useCallback、useRef、useImperativeHandle 和 useLayoutEffect 等。

2.4.1 useReducer

众所周知，JavaScript 的 Redux 状态管理框架由 Action、Reducer 和 Store 这 3 个对象构成，而使用 Reducer 是更新组件中 State 的唯一途径。Reducer 本质上是一个函数，它接收两个参数——状态和控制业务逻辑的判断参数，如下所示。

```
function countReducer(state, action) {
     switch(action.type) {
          case 'add':
               return state + 1;
          case 'sub':
               return state - 1;
          default:
               return state;
     }
}
```

useReducer 是 React Hooks 提供的一个 API，主要用来在某些复杂的场景中替换 useState。例如，包含复杂逻辑的 state 还包含多个子值，或者后面的 state 依赖于前面的 state 等。useReducer 的语法格式如下。

```
const [state, dispatch] = useReducer(reducer, initialArg, init);
```

可以发现，useReducer 的使用方式与 Redux 状态管理框架的使用方式是非常相似的，它接收一个形如(state, action) => newState 的 Reducer，并返回当前 state 和 dispatch 方法。例如，下面是使用 useReducer 实现计数器的代码。

```
const initialState = {count:0};

function reducer(state, action) {
  switch (action.type) {
    case 'increment':
      return {count:state.count + 1};
    case 'decrement':
      return {count:state.count - 1};
    default:
      throw new Error();
  }
}
```

```
function Counter() {
  const [state, dispatch] = useReducer(reducer, initialState);
  return (
    <>
      Count:{state.count}
      <button onClick={() => dispatch({type:'decrement'})}>-</button>
      <button onClick={() => dispatch({type:'increment'})}>+</button>
    </>
  );
}
```

有时，需要惰性地创建初始 state，此时只需要将初始化函数作为 useReducer 的第三个参数传入即可，如下所示。

```
function init(initialCount) {
     return {count:initialCount};
}

function reducer(state, action) {
     ... //省略其他代码
}

function Example({initialCount}) {
     const [state, dispatch] = useReducer(reducer, initialCount, init);
     return (
       ...  //省略其他代码
     );
}
```

有时，Reducer Hook 的返回值与当前 state 的值相同，此时需要跳过子组件的渲染及副作用代码的执行。

需要注意的是，因为 React 不会对组件树的深层节点进行不必要的渲染，所以不必担心跳过渲染后再次渲染该组件。如果为了避免在渲染期间执行高开销的计算，可以使用 useMemo 进行优化。

2.4.2 useMemo

在类组件中，每一次状态的更新都会触发组件树的重新绘制，而重新绘制组件树必然会带来不必要的性能开销。同样，在函数组件中也会有此问题。因此，为了避免 useState 每次渲染时带来的高开销计算，React Hooks 提供了 useMemo 函数。

useMemo 之所以能够带来性能上的提升，是因为在依赖不变的情况下，useMemo 会返回相同的引用，避免子组件进行无意义的重复渲染。例如，下面是一个普通的 useState 的使用示例。

```
function Example() {
     const [count, setCount] = useState(1);
     const [val, setValue] = useState('');

     function expensive() {
```

```
        let sum = 0;
        for (let i = 0; i < count * 100; i++) {
            sum += i;
        }
        return sum;
    }

    return (
        <>
            {count}: {expensive()}
            <button onClick={() => setCount(count + 1)}>+</button>
            <input value={val} onChange={event => setValue(event.
target.value)}/>
        </>
    );
}
```

在上面的示例中，无论是修改 count 还是 val 的值，都会触发 expensive 方法的执行。但是，由于 expensive 方法的执行只依赖于 count 的值，而在修改 val 值时是没有必要进行计算的，因此为了避免这种不必要的计算，可以使用 useMemo 优化上面的代码，如下所示。

```
function Example() {
    const [count, setCount] = useState(1);
    const [val, setValue] = useState('');

    const expensive = useMemo(() => {
        let sum = 0;
        for (let i = 0; i < count * 100; i++) {
            sum += i;
        }
        return sum;
    }, [count]);

    return (
        <>
            {count}: {expensive()}
            <button onClick={() => setCount(count + 1)}>+</button>
            <input value={val} onChange={event => setValue(event.target
.value)}/>
        </>
    );
}
```

在上面的代码中，我们使用 useMemo 来处理耗时计算，然后将计算结果传递给 count 并触发状态刷新。经过 useMemo 处理后，只有在 count 改变的时候才会触发耗时计算并执行状态刷新，而修改 val 不会触发状态刷新。

2.4.3 useCallback

和 useMemo 一样，useCallback 也是用来优化性能的，即只有当依赖的数据发生变化时，它才会调用回调函数重新计算结果。二者的不同之处在于，useMemo 主要用于缓存计算结果的值，而 useCallback 缓存的是函数。useCallback 的语法格式如下。

```
const fnA = useCallback(fnB, [a])
```

在上面的语句中，useCallback 会将传递给它的函数 fnB 返回，并且会将函数 fnB 的运行结果进行缓存。而且，当依赖 a 变更时，它还会返回新的函数。但是，因为返回的是函数，无法判断返回的函数是否发生变更，所以需要借助 ES6 新增的数据类型 set 来辅助判断，如下所示。

```
function Example() {

    const [count, setCount] = useState(1);
    const [val, setVal] = useState('');

    const callback = useCallback(() => {
    }, [count]);
    set.add(callback);

    return (
        <div>
            {count}:{set.size}
            <div>
                <button onClick={() => setCount(count + 1)}>+</button>
                <input value={val} onChange={e => setVal(e.target.
value)}/>
            </div>
        </div>
    );
}
```

可以看到，每次修改 count 时 set.size 就会加 1，而 useCallback 依赖变量 count，所以每次 count 发生变更时它都会返回一个新的函数。而 val 发生变更时，set.size 则不会发生变化，说明 useCallback 返回的是缓存的旧函数。

再看另外一个场景：有一个包含子组件的父组件，子组件会接收一个函数作为 props。通常来说，如果父组件发生更新，那么子组件也会执行更新，但在大多数场景下，子组件的更新是没有必要的。此时我们可以使用 useCallback 返回缓存的函数，并把这个缓存的函数作为 props 传递给子组件，如下所示。

```
function Parent() {

    const [count, setCount] = useState(1);
    const [val, setVal] = useState('');
    const callback = useCallback(() => {
        return count;
}, [count]);

    return (
        <div>
            {count}
            <Child callback={callback}/>
```

```
                <div>
                    <button onClick={() => setCount(count + 1)}>+</button>
                    <input value={val} onChange={e => setVal(e.target
.value)}/>
                </div>
            </div>
        );
    }

    function Child({callback}) {
        const [count, setCount] = useState(() => callback());
        useEffect(() => {
            setCount(callback());
        }, [callback]);
        return <div>
            {count}
        </div>
    }
```

事实上，useEffect、useMemo、useCallback 都是自带闭包的，即每次组件渲染时，它们都会捕获组件函数上下文中的状态信息，所以使用这 3 种 Hook API 时，获取的都是当前的状态。如果要获取组件上一次的状态，那么可以使用 Ref。

2.4.4 useRef

在 React 开发中，Ref 的主要作用是获取组件实例或 DOM 元素。创建 Ref 主要可以使用两种方法，即 createRef 和 useRef。其中，使用 createRef 方法创建的 Ref 在每次渲染时都会返回一个新的引用，而使用 useRef 方法创建的 Ref 在每次渲染时都会返回相同的引用。

使用 createRef 方法创建的 Ref 主要是类组件。例如，下面是使用 createRef 方法创建 Ref 的例子，如下所示。

```
    class Example extends React.Component {

        constructor(props) {
            super(props);
            this.myRef = React.createRef();
        }

        componentDidMount() {
            this.myRef.current.focus();
        }

        render() {
            return <input ref={this.myRef} type="text" />;
        }
    }
```

使用 React Hooks 的 useRef 方法创建 Ref 的代码如下。

```
function Example() {
    const myRef = useRef(null);

    useEffect(() => {
        myRef.current.focus();
    }, [])

    return <input ref={myRef} type="text" />;
}
```

使用useRef方法创建的Ref返回一个引用的DOM对象，返回的对象将在组件的整个生命周期内持续存在。

2.5 本章小结

React Native是React前端框架在移动平台的衍生产物，因此，React Native和React在语法上有很多的相似之处，如果读者对React语法很熟悉的话，那么可以快速上手React Native移动应用开发。

本章是React Native开发的基础章节，主要从JSX语法、React语法基础、React Hook、Hook API等方面介绍React框架的基础知识，为读者进行React Native跨平台开发奠定语法基础。

习题

一、选择题

1. JSX可以将不同的代码组合到一起，除了下列哪种（　　）。

A. HTML　　B. JavaScript　　C. Java　　D. CSS

2. 以下哪个不属于类组件的生命周期函数（　　）。

A. componentDidMount　　B. componentWillUnmount

C. componentDidUpdate　　D. render

3. 以下哪种方式可以用来动态引入组件（　　）。

A. React.Fragments　　B. React.lazy

C. React.Suspense　　D. React.import

4. 以下哪些功能可以使用MiddleWare来实现（　　）。【多选】

A. REST API　　B. error handle　　C. promised　　D. setTimeout

二、简述题

1. React的严格模式有什么作用？如何使用？
2. 描述类组件和函数组件，以及它们的异同。

3. 简述 React 的 diff 算法。
4. 简述 React Fiber 架构，说明它在哪些方面进行了性能提升。

三、实践题

1. 搭建一个 Web 项目，实现简单的页面跳转和传值。
2. 使用 JSX 语法，配合 React Hooks 开发一个网页版的计算器。

第 3 章 React Native 基础

3.1 页面布局

3.1.1 Flex box 布局

无论是 Web 前端开发还是移动客户端开发，布局技术都是必不可少的。因为 React Native 是使用前端 React 来进行开发的，所以 React Native 页面的布局使用的也是前端的布局技术，而前端布局的基础是 CSS（Cascading Style Sheet，层叠样式表）盒子模型。

在传统的 HTML 文档模型中，每个元素都被描绘成一个矩形盒子，这些矩形盒子通过一个模型来描述其占用的空间，此模型被称为 CSS 盒子模型。CSS 盒子模型主要由 margin、border、padding 和 content 这 4 个边界对象组成，如图 3-1 所示。

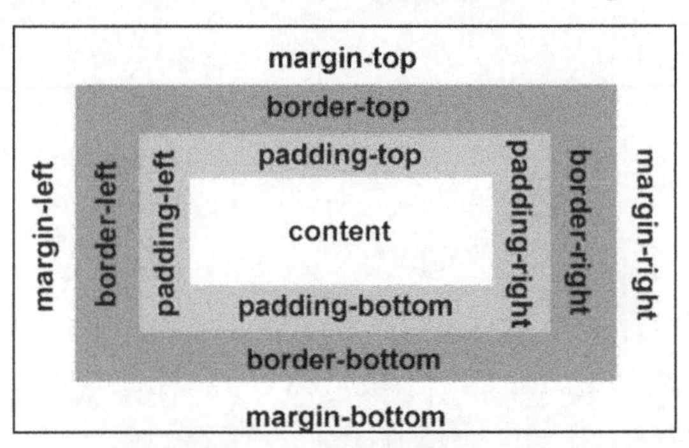

图 3-1　CSS 盒子模型示意

其中，margin 用于描述边框外的距离，border 用于描述围绕在内边距和内容外的边框，padding 用于表示内容与边框之间的填充距离，content 用于表示需要填充的内容。

使用 CSS 盒子模型进行布局开发还需要依赖于 position 属性、float 属性和 display 属性。如果是在一些特殊的场景下，单纯使用 CSS 盒子模型进行布局实现起来可能比较困难。为此，W3C（World Wide Web Consortium，万维网联盟）提出了一种新的布局方案，即 Flexbox 布局。

Flexbox 是英文 Flexible Box 的简写，中文称为弹性盒子，又称为盒子模型。提出这个布局方案旨在使用一种更加有效的方式来制定、调整和排布容器里的组件，即使它们的大小是未知或者动态的。Flexbox 布局的主要思想是，让容器有能力使其子项目通过改变宽度，以最佳的方式填充可用空间。

按照作用对象的不同，可以将 Flexbox 布局的属性分为决定子组件的属性和决定组件自身的属性两种。其中，可以决定子组件的属性有 flexWrap、alignItems、flexDirection 和 justifyContent，决定组件自身的属性有 alignSelf 和 flex 等。

作为主流的布局方式之一，目前市面上几乎所有的主流浏览器都支持 Flexbox 布局，因此项目开发过程中不需要担心 Flexbox 布局的兼容问题。主流浏览器对 Flexbox 布局的支持情况如图 3-2 所示。

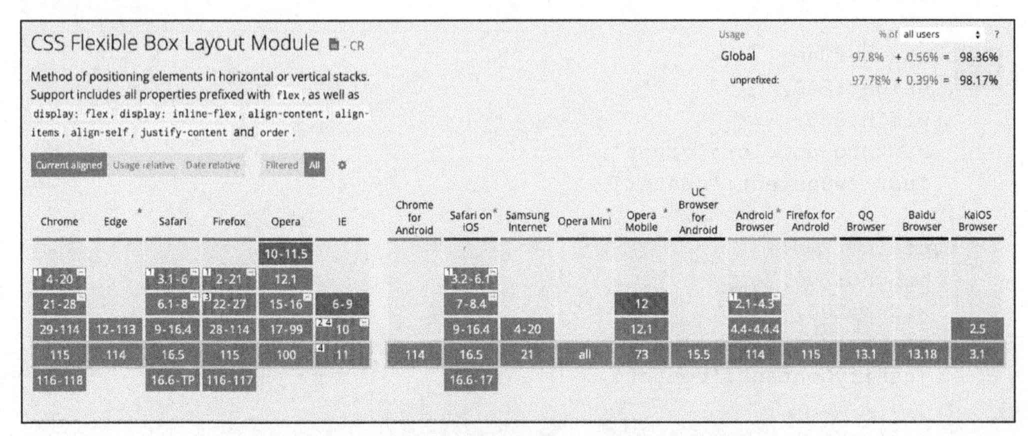

图 3-2　主流浏览器对 Flexbox 布局的支持情况

因为 React Native 是使用 React 技术来开发应用的，所以我们可以直接使用 Flexbox 布局来开发 React Native 页面。并且，在 React Native 中，Flexbox 布局和 React 开发中的布局基本上是一致的，只有较少的差异，因此，对于从事前端 React 开发的读者来说，基本可以忽略学习的成本。

3.1.2　flexDirection 属性

在 Flex 布局中，flexDirection 属性的主要作用是控制布局中子组件的排列方向，它的取值包括 column、row、column-reverse 和 row-reverse。其中，column 为默认值，即在不设置 flexDirection 属性的情况下，子组件在容器中是按默认值纵向排列的，如下所示。

```
const App:() => React$Node = () => {
  return (
    <>
      <StatusBar barStyle="dark-content" />
      <View style={styles.container}>
        <View style={styles.containerOne}>
          <Text style={styles.item}>视图 1</Text>
        </View>
        <View style={styles.containerTwo}>
          <Text style={styles.item}>视图 2</Text>
        </View>
      </View>
    </>
  );
```

```
};

const styles = StyleSheet.create({
  container:{
    flex:1,
    justifyContent:'center',
    alignItems:'center',
  },
  containerOne:{
    height:200,
    width:200,
    backgroundColor:'green',
    justifyContent:'center',
  },
  containerTwo:{
    height:200,
    width:200,
    backgroundColor:'red',
    justifyContent:'center',
  },
  item:{
    textAlign:'center',
    fontSize:32,
  },
});
```

运行上面的代码，效果如图 3-3 所示。

如果要改变容器中子组件的排列方向，那么可以修改 flexDirection 属性的值。比如，将 flexDirection 属性的值设置为 row，让容器中的子组件横向排列，效果如图 3-4 所示。

图 3-3　flexDirection 属性的值为 column 的效果

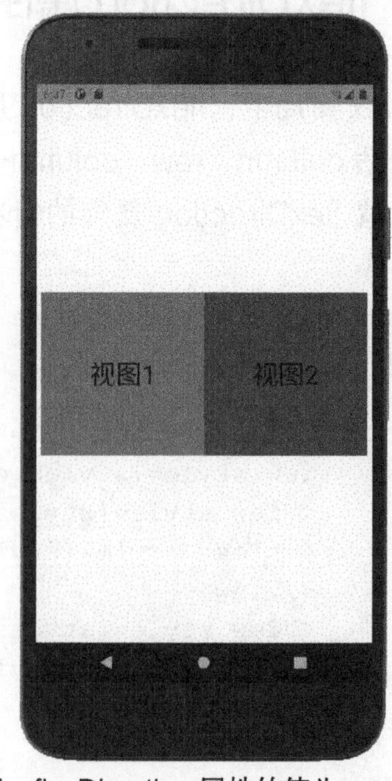

图 3-4　flexDirection 属性的值为 row 的效果

3.1.3 flexWrap 属性

flexWrap 属性主要用于控制子组件的多列显示，取值包括 wrap、nowrap 和 wrap-reverse 等。其中，wrap 为默认值，它的作用是当显示的内容超出屏幕时实现自动换行，如下所示。

```
const App:() => React$Node = () => {
  return (
    <>
      <StatusBar barStyle="dark-content" />
      <View style={styles.container}>
        <View style={styles.item_container}>
          <Text style={styles.item}>视图 1</Text>
        </View>
        <View style={styles.item_container}>
          <Text style={styles.item}>视图 2</Text>
        </View>
        <View style={styles.item_container}>
          <Text style={styles.item}>视图 3</Text>
        </View>
      </View>
    </>
  );
};

const styles = StyleSheet.create({
  container:{
    flex:1,
    justifyContent:'center',
    paddingTop:200,
    flexDirection:'row',
  },
  item_container:{
    height:150,
    width:150,
    justifyContent:'center',
  },
  item:{
    textAlign:'center',
    fontSize:32,
  },
});
```

在上面的代码中，由于我们没有设置 flexWrap 属性，所以默认的 flexWrap 属性的值就是 wrap。当子组件在屏幕可容纳的范围内不能完整显示时，就会换行显示，运行效果如图 3-5 所示。

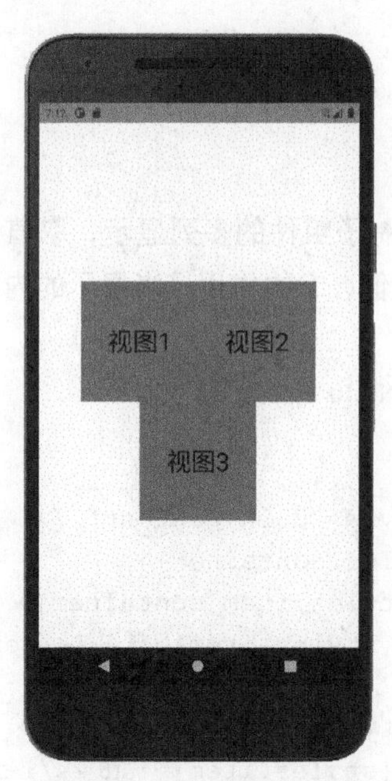

图 3-5 flexWrap 属性的值为 wrap 的效果

3.1.4 justifyContent 属性

justifyContent 属性主要用来指定容器中子组件横向排列的位置，它的取值包括 flex-start、flex-end、center、space-between 和 space-around。下面是使用 justifyContent 属性控制容器中子组件水平居中的示例。

```
const App:() => React$Node = () => {
  return (
    <>
      <StatusBar barStyle="dark-content" />
      <View style={styles.container}>
        <Text style={styles.item}>视图 1</Text>
      </View>
    </>
  );
};

const styles = StyleSheet.create({
  container:{
    height:150,
    width:200,
    justifyContent:'center',
    backgroundColor:'green',
  },
  item:{
    textAlign:'center',
    fontSize:32,
  },
});
```

可以看到，当我们把容器组件的 justifyContent 属性的值设置为 center 时，子组件文字就会水平居中显示，效果如图 3-6 所示。

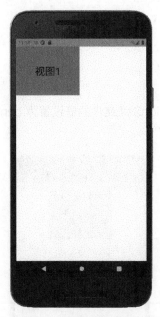

图 3-6　justifyContent 属性的值为 center 的效果

和 justifyContent 属性的作用类似，alignItems 属性也可以用于控制容器中子组件的排列方向，只不过 justifyContent 决定的是子组件在容器中横向排列的位置，alignItems 决定子组件在容器中纵向排列的位置。alignItems 属性的取值包括 flex-start、flex-end、center、baseline 和 stretch。

3.1.5　alignSelf 属性

alignSelf 属性用于标识组件在容器内部的排列情况，也用于控制子组件在容器内部的位置，它的取值包括 auto、flex-start、flex-end、center 和 stretch。下面是让子组件在容器内部居中显示的示例。

```
const App:() => React$Node = () => {
  return (
    <>
      <StatusBar barStyle="dark-content" />
      <View style={styles.container}>
        <Text style={styles.item}>视图 1</Text>
      </View>
    </>
  );
};

const styles = StyleSheet.create({
  container:{
```

```
      height:150,
      width:200,
      backgroundColor:'green',
    },
    item:{
      fontSize:32,
      alignSelf:'center',
    },
  });
```

在上面的代码中，我们将 alignSelf 属性的值设置为 center，即将文字设置为居中显示，效果如图 3-7 所示。

图 3-7 alignSelf 属性的值为 center 的效果

3.2 基础组件

如果说构成应用的基本元素是页面，那么构成页面的基本元素就是组件。在传统的 Web 网页开发中，页面的基本组成元素是 HTML 元素和标签，而在 React Native 开发中，页面的基本组成元素则是各种基础组件。

3.2.1 View

作为创建 UI（User Interface，用户界面）最基础的组件，View 是一个支持 Flexbox 布局、样式设置、触摸响应和一些无障碍功能的容器组件。作为一个容器组件，View 组件除了可以包含任意多个子组件外，还可以被放到其他的容器组件中。

在执行页面渲染时，View 组件直接对应当前平台的原生视图，即运行在 Android 平台时使用的是 android.view.View，运行在 iOS 平台时则使用的是 UIView。

例如，下面的 View 容器组件包含两个不同颜色的方块和一个自定义的组件，并且设置了一个内边距，代码如下。

```
const App:() => React$Node = () => {
  return (
    <View
      style={{
        flexDirection:'row',
        height:100,
        padding:20,
      }}>
      <View style={{backgroundColor:'blue', flex:0.3}} />
      <View style={{backgroundColor:'red', flex:0.5}} />
      <Text>Hello World!</Text>
    </View>
  );
};
```

作为最基本的容器组件，View 组件的设计初衷是和 StyleSheet 搭配使用，这样做的目的是使代码结构更加清晰，且应用的性能也更高。同时，为了满足不同的开发需求，View 组件提供了很多有用的属性，如下所示。

- style：用于给 View 组件设置样式，且可以设置多种样式属性。
- onPress：用于响应用户的点击事件。
- hitSlop：定义触摸事件在距离视图多远的范围内可以触发。
- onLayout：当组件执行挂载或者布局发生变化时被调用。
- onResponderGrant：在视图执行响应事件时被调用。
- onResponderMove：用户的手在屏幕上移动时调用此函数。
- pointerEvents：控制当前视图是否可以作为触控事件的目标。它的取值为 auto、none 和 box-none。其中，auto 表示可以作为触控事件的目标；none 表示不能作为触控事件的目标；box-none 表示视图自身不能作为触控事件的目标，但其子视图可以。

3.2.2 Text

Text 是一个用于显示文本的组件，也是开发中使用频率极高的组件，它支持嵌套、样式设置、自定义字体，以及对触摸事件的处理。

```
const App:() => React$Node = () => {
    const [titleText, setTitleText] = useState("Bird's Nest");
    const bodyText = useState("This is not really a bird nest.");

    const onPressTitle = () => {
        setTitleText("Bird's Nest [pressed]");
    };

    return (
        <Text style={styles.baseText}>
```

```
                <Text style={styles.titleText} onPress={onPressTitle}>
                    {titleText}
                </Text>
                <Text numberOfLines={5}>{bodyText}</Text>
            </Text>
        );
    };

    const styles = StyleSheet.create({
        baseText:{
            fontFamily:"Cochin"
        },
        ...
    });
```

同时，Text 还支持文本的包裹。Text 组件采用和 Web 一样的设计，可以把相同格式的文本包裹起来，其作用等同于 iOS 的 NSAttributedString，或者 Android 的 SpannableString，如下所示。

```
    const App:() => React$Node = () => {
        return (
            <Text style={styles.baseText}>
                I am bold
                <Text style={styles.innerText}> and red</Text>
            </Text>
        );
    };

    const styles = StyleSheet.create({
        baseText:{
            fontWeight:'bold'
        },
        innerText:{
            color:'red'
        }
    });
```

运行上面的代码时，文本前半部分的文字是黑色加粗的，而后半部分的文字是红色不加粗的。

除此之外，对于 iOS 平台来说，Text 组件还支持嵌入 View 组件，如下所示。

```
    const App:() => React$Node = () => {
        return (
            <Text>
                There is a blue square
                <View style={{width:50, height:50, backgroundColor:
'steelblue'}} />
                in between my text.
            </Text>
        );
    };
```

在 Web 开发中，要想指定整个文档的字体和大小，我们只需要定义一个样式。

```
html {
  font-family:"lucida grande", tahoma, verdana, arial, sans-serif;
  font-size:11px;
  color:#141823;
}
```

当浏览器渲染文本节点时，它会在组件树中进行寻找，直到找到符合条件的 font-size 属性根节点为止。不过，这样做的缺点是任何节点都可能会有 font-size 属性，甚至包括<div>标签。

而在 React Native 开发中，如果要显示文本的内容，则必须把文本放到 Text 组件内，而不是直接放在 View 组件中。在样式的使用上，React Native 的样式也可以进行继承，如下所示。

```
<Text style={{ fontWeight:"bold" }}>
  I am bold
  <Text style={{ color:"red" }}>and red</Text>
</Text>
```

在上面的代码中，第二部分的文字会在加粗的同时显示为红色。同时，为了方便使用 Text 组件，官方还提供了很多有用的属性，常用的如下所示。

- adjustsFontSizeToFit：控制字体是否随着给定样式的限制而自动缩放。
- selectable：控制用户是否可以通过长按屏幕复制文本内容。
- numberOfLines：控制文字的长度，超过一定的长度后会进行裁剪。
- ellipsizeMode：在文本内容过长时，使用省略号进行代替，它的取值有 head、middle、tail 和 clip。
- onLayout：加载布局或者布局变化时回调函数。
- onPress：点击文本时调用此函数。
- allowFontScaling：控制字体是否根据系统的字体大小进行缩放。

3.2.3 TextInput

TextInput 是一个文本输入组件，也是一个使用频率很高的组件。TextInput 组件支持自动填充、自动大小写转换、占位文字添加，以及键盘类型选择等多种属性配置。下面是使用 TextInput 组件的 onChangeText 方法监听用户输入的示例代码。

```
const App = () => {
    const [value, onChangeText] = React.useState('Useless Placeholder');
    return (
        <TextInput
            style={styles.input}
            onChangeText={text => onChangeText(text)}
            value={value}/>
    );
};

const styles = StyleSheet.create({
    input:{
        height:40,
```

```
        borderColor:'gray',
        borderWidth:1
    },
});
```

默认情况下，TextInput 在 Android 设备上有一个底边框且会有一定的边距，为了和 iOS 的输入框效果保持一致，可以将边距设置为 0。

并且，由于 React Native 最终是使用原生平台组件进行界面渲染的，所以对于某些特性还需要单独进行处理，比如，在 Android 设备上通过长按屏幕选择文本会使 windowSoftInputMode 的设置变为 adjustResize，导致绝对定位的元素被键盘给顶起来，解决的方法是在 AndroidManifest.xml 中指定键盘的模式。

作为一个使用频率很高的组件，TextInput 组件有一些常用的属性需要注意。

- allowFontScaling：控制字体是否根据系统的字体大小进行缩放。
- autoCapitalize：控制是否需要自动将特定字符切换为大写。
- autoFocus：控制是否需要自动获取焦点。
- blurOnSubmit：控制是否需要在文本内容提交的时候失去焦点。
- caretHidden：控制是否需要隐藏光标。
- clearTextOnFocus：控制是否需要在开始输入的时候清除文本框的内容。
- defaultValue：文本框中的默认值。
- inlineImageLeft：在输入框的左边放一个图片，此属性只支持 Android 环境，且图片必须放置在/android/app/src/main/res/drawable 目录下。
- keyboardType：弹出软键盘的类型，取值包括 default（默认）、numeric（数字键盘）、email-address（英文键盘）等。
- multiline：控制是否需要多行显示。
- placeholder：没有任何文字输入时默认显示的字符串。
- secureTextEntry：遮住输入的文字，让密码之类的敏感文字可以更加安全。

除了上面的这些常用属性外，为了方便操作输入框中的内容，TextInput 还提供了如下一些回调函数。

- onBlur：当文本框失去焦点时调用此回调函数。
- onChangeText：当文本框内容改变时调用此回调函数，改变后的文本框内容会作为参数传递。
- onEndEditing：当文本输入结束后调用此回调函数。
- onFocus：当文本框获得焦点的时候调用此回调函数。
- onLayout：当组件加载或者布局改变的时候调用此回调函数。

3.2.4 FlatList

在 FlatList 组件出现之前，React Native 使用 ListView 组件来进行列表功能开发。不过，在列表数据比较多的情况下，ListView 组件的性能并不是很好，所以在 0.43.0 版本中，React

Native 使用 FlatList 组件替换了 ListView 组件。

相比传统的 ListView 组件，FlatList 组件自带回收复用的功能，特别适合用来加载长列表。目前，FlatList 组件有以下常用的功能。

- 完全跨平台。
- 支持水平布局模式。
- 在行组件显示或隐藏时可配置回调事件。
- 支持单独的头部组件。
- 支持单独的尾部组件。
- 支持自定义行间分隔线。
- 支持下拉刷新。
- 支持上拉加载。
- 支持跳转到指定行。
- 支持多列布局。

和使用 ListView 组件的方式一样，使用 FlatList 组件开发列表只需要传入数据源和处理每一行的数据绘制，如下所示。

```
const DATA = [
    {
        id:'bd7acbea-c1b1-46c2-aed5-3ad53abb28ba',
        title:'First Item',
    },
    ...
];

const Item = ({ title }) => {
    return (
        <View style={styles.item}>
            <Text style={styles.title}>{title}</Text>
        </View>
    );
}

const App = () => {
    const renderItem = ({ item }) => (
        <Item title={item.title} />
    );

    return (
        <SafeAreaView style={styles.container}>
            <FlatList
                data={DATA}
                renderItem={renderItem}
                keyExtractor={item => item.id}
            />
        </SafeAreaView>
    );
}
```

```
const styles = StyleSheet.create({
    container:{
        flex:1,
        marginTop:StatusBar.currentHeight || 0,
    },
    ...
});
```

其中，data 表示列表的数据源，renderItem 用于绘制列表行，keyExtractor 则可以提高列表的绘制性能。运行上面的代码，效果如图 3-8 所示。

FlatList 组件之所以性能高，是因为它基于 VirtualizedList 组件进行封装，继承了该组件的所有属性，包括列表的复用特性。不过，使用 FlatList 组件时还需要注意以下几点。

- 当某行滑出渲染区域后，其内部状态将不会被保留。
- FlatList 组件继承自 PureComponent 而非通常的 Component，这意味着如果其属性没有发生变化，就不会重新渲染，因此渲染效率更高。
- 为了在优化内存占用的同时保持滑动的流畅，列表内容会在屏幕外进行异步绘制，这意味着如果用户滑动的速度超过渲染的速度，则会先看到空白的内容。
- 默认情况下，每行都需要提供一个不重复的 key 属性，也可以提供一个 keyExtractor 函数来生成 key。

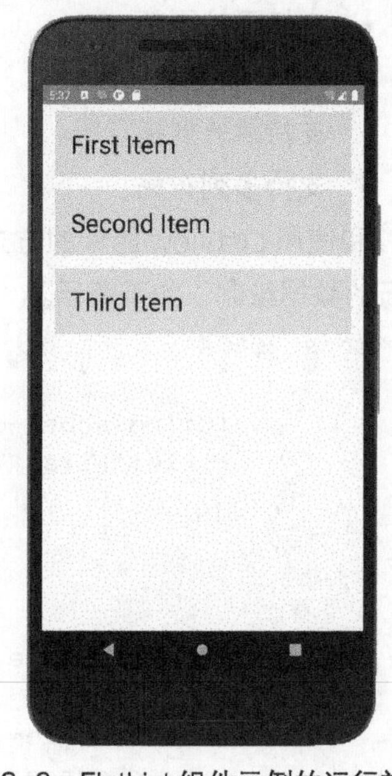

图 3-8　FlatList 组件示例的运行效果

除了必需的 data、renderItem 和 keyExtractor 属性外，还有一些其他的属性需要注意。

- ItemSeparatorComponent：行与行之间的分隔线组件，不会出现在第一行之前和最后一行之后。
- ListEmptyComponent：在列表为空时渲染该组件；可以是 React 组件，也可以是 render 函数，或者已经渲染好的元素。
- ListFooterComponent：列表的尾部组件；可以是 React 组件，也可以是 render 函数，或者已经渲染好的元素。
- ListHeaderComponent：列表的头部组件；可以是 React 组件，也可以是 render 函数，或者已经渲染好的元素。
- getItemLayout：可选的优化，用于避免动态测量内容尺寸的开销，不过使用它的前提是可以提前知道内容的高度。
- initialNumToRender：开始渲染的元素数量；最好能够填满一个屏幕，这样可以在最短的时间里给用户呈现可见的内容。

- keyExtractor：用于为给定的 item 生成一个不重复的 key，key 的作用是使 React 能够区分同类元素的不同个体，以便在刷新时能够确定其变化的位置，减少重新渲染的开销。
- onRefresh：在列表头部添加一个 RefreshControl 控件，实现下拉刷新功能。
- refreshing：在加载数据时显示一个正在加载的符号。

除了上面这些常用的属性外，FlatList 组件还有如下一些常用的方法。

- scrollToEnd：滚动到列表底部，如果不设置 getItemLayout 属性的话可能会比较卡顿。
- scrollToIndex：将元素滚动到列表可视区域的指定位置，在 viewPosition 为 0 时将元素滚动到屏幕顶部，为 1 时将元素滚动到屏幕底部。
- scrollToItem：滚动到指定 item 的位置，此方法会顺序遍历元素。
- scrollToOffset：滚动列表到指定的偏移位置，等效于 ScrollView 组件的 scrollTo 方法。
- recordInteraction：主动通知列表发生的事件，以便让列表重新计算可视区域。
- flashScrollIndicators：滚动时显示指示器。

3.2.5 Touchable

在移动应用开发过程中，点击和触摸都是比较常见的交互行为，不过并不是所有的组件都默认支持点击事件，为了让那些不支持点击事件的组件也能够实现点击功能，需要使用 Touchable 系列组件对它们进行包裹。Touchable 系列组件是所有点击组件的统称，包括 TouchableHighlight、TouchableWithoutFeedback 和 TouchableOpacity 等组件。

其中，TouchableWithoutFeedback 是不附带触摸反馈效果的，而其他两个都附带触摸反馈效果。不过，应用开发中使用最多的还是 TouchableOpacity 组件。作为一个触摸容器组件，TouchableOpacity 可以嵌套在其他组件外面，当用户点击对应的区域时就会产生一种透明的按压效果。

TouchableOpacity 组件的使用比较简单，只需要将它包裹在需要添加点击事件的子组件外面。下面是使用 TouchableOpacity 完成记录点击次数的例子，代码如下。

```
const App = () => {
      const [count, setCount] = useState(0);

      function handleClick() {
            setCount(count+1)
      }

      return (
            <View style={styles.container}>
                  <Text style={[styles.countText]}>
                        You clicked {count} times
                  </Text>
                  <TouchableOpacity style={styles.touchableStyle} onPress=
{handleClick}>
                        <Text style={styles.txtStyle}>
```

```
                点击加 1
            </Text>
        </TouchableOpacity>
    </View>
  );
};
```

运行上面的代码，当点击按钮时就会看到按钮的背景颜色发生了变化，如图 3-9 所示。

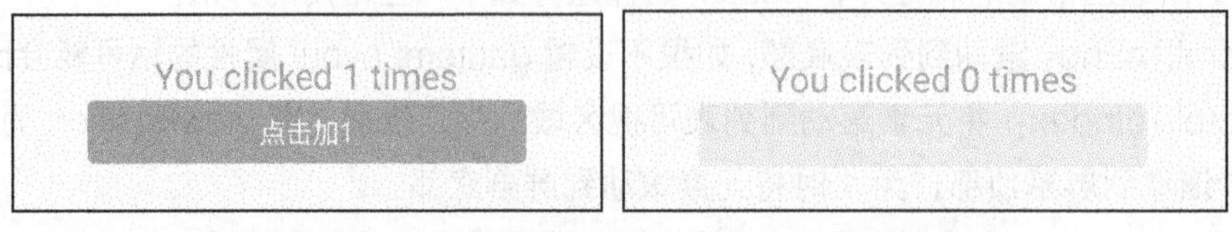

图 3-9 TouchableOpacity 组件示例运行效果

3.3 动画组件

3.3.1 Animated

在移动应用开发中，流畅且有意义的动画对于提升用户体验来说是非常重要的。为此，React Native 提供了两个互补的动画系统，分别是用于创建精细交互控制的动画 Animated 和用于全局的布局动画 LayoutAnimation。

借助 Animated 动画组件，开发者可以很容易地就实现各种各样的高性能动画和交互方式。在使用 Animated 动画组件时，开发者只需要以声明的形式定义动画的输入与输出，再添加一个可配置的变化函数，然后调用动画的 start/stop 方法来控制动画按顺序执行。下面是使用 Animated 实现的一个带有淡入动画效果的例子。

```
const FadeInView = (props) => {
    const fadeAnim = useRef(new Animated.Value(0)).current
    React.useEffect(() => {
        Animated.timing(fadeAnim, { toValue:1, duration:10000}).start();
    }, [fadeAnim])

    return (
        <Animated.View
            style={{ ...props.style, opacity:fadeAnim}}>
            {props.children}
        </Animated.View>
    );
}

export default () => {
    return (
        <View style={{flex:1, alignItems:'center', justifyContent:
'center'}}>
            <FadeInView style={{width:250, height:50, backgroundColor:
```

```
'red'}}>
                    <Text style={{fontSize:28, textAlign:'center'}}>Fading
in</Text>
                </FadeInView>
            </View>
        )
    }
```

在上面的代码中，我们创建了一个名为 fadeAnim 的 Animated.Value，然后将其放到状态管理模型中。同时，视图的透明度也是和这个值进行绑定的，组件加载时透明度为 0。我们使用 easing 动画改变 fadeAnim 的值，此时与其相关联的透明度也会发生变化，最终和 fadeAnim 一样变为 1。

3.3.2 配置动画

React Native 的 Animated 动画拥有非常多的配置项，常用的配置项有延迟时间、持续时间、衰减系数、弹性常数等，配合使用不同配置项，开发者可以实现不同的炫酷动画效果。

同时，Animated 提供了 3 种动画类型，分别是 decay、spring 和 timing。每种动画类型都提供了特定的函数曲线，用于控制动画值从初始值变化到最终值的过程。

- decay：衰减动画，动画值以指定的初始速度开始变化，然后变化速度越来越慢直至停止。
- spring：弹簧效果动画，提供有阻尼的弹簧效果动画。
- timing：渐变动画，按照线性函数执行的动画。

其中，最常用的是 timing，它实现的是渐变动画，内部使用了一些预设的线性函数来控制动画值的变化，从而实现动画的线性渐变效果。

在默认情况下，timing 使用的是 easeInOut 曲线，它使动画值逐渐加速到最大，然后逐渐减速到停止，开发者可以通过传递 easing 参数来指定不同的变化速度，当然也可以自定义动画的持续时间和动画开始前的延迟时间。

下面是一个渐变动画的示例，目的是将按钮的透明度在 5 秒内从 0 变为 1，代码如下。

```
const Timing = () => {
    const fadeAnim = useRef(new Animated.Value(0)).current;

    const fadeIn = () => {
        Animated.timing(fadeAnim, {
            toValue:1,
            duration:5000
        }).start();
    };

    return (
        <View style={styles.container}>
            <Animated.View
                style={[styles.fadingContainer, {opacity:fadeAnim}]} >
                <Text style={styles.fadingText}>Fading View</Text>
```

```
            </Animated.View>
        </View>
    );
}
```

3.3.3 组合动画

通常，decay、spring 和 timing 只能用来实现一些不太复杂的动画效果。如果需要实现一些炫酷的动画效果，那么可以使用 Animated 实现组合动画。在 React Native 中，实现组合动画可以使用 parallel、sequence、stagger 和 delay，它们可以将基础动画组合起来使用。

其中，parallel 用来处理并行执行的动画，sequence 用来处理顺序执行的动画，stagger 用来处理需要延迟执行的并行动画，delay 则用来延迟开始执行动画。它们中的每一个都接收一个要执行的动画数组，并且在适当的时候调用 start/stop 来启动或结束动画。

下面是使用 sequence 实现顺序执行动画的例子，在这个例子中，按钮的透明度会由 0 变为 1，然后又变为 0，如下所示。

```
const Sequence = () => {
    const fadeAnim = useRef(new Animated.Value(0)).current;

    const sequence = () => {
        Animated.sequence([
            Animated.timing(fadeAnim, {
                toValue:1,
                duration:3000
            }),
            Animated.timing(fadeAnim, {
                toValue:0,
                duration:3000
            })

        ]).start();
    };

    return (
        <View style={styles.container}>
            <Animated.View
                style={[styles.fadingContainer, {opacity:fadeAnim}]}>
                <Text style={styles.fadingText}>Fading View!</Text>
            </Animated.View>
            <View style={styles.buttonRow}>
                <Button title="Sequence 动画" onPress={sequence} />
            </View>
        </View>
    );
}
```

需要说明的是，默认情况下，任何一个动画被停止或中断都会导致组合动画被停止。如果不希望中断组合动画的执行，那么可以将 stopTogether 属性设置为 false。

3.3.4 LayoutAnimation

除了 Animated 动画组件，React Native 还提供了 requestAnimationFrame 和 LayoutAnimation 两个动画组件。requestAnimationFrame 是一个帧动画组件，由于它通过不断地改变组件的属性值来实现动画效果，因此对性能要求较高。

相比暴力更新的 requestAnimationFrame 来说，LayoutAnimation 动画组件就要智能许多，它只有在布局发生改变时才会去执行视图的更新，因此，用户的体验和它自身的性能都比 requestAnimationFrame 要好。LayoutAnimation 动画又称为布局动画，主要用在 Flexbox 布局中，因为使用它无须测量或者计算特定属性就能直接产生动画效果。

下面是使用 LayoutAnimation 提供的 spring 方法实现弹簧效果动画的例子，代码如下。

```
const { UIManager } = NativeModules;

UIManager.setLayoutAnimationEnabledExperimental &&
UIManager.setLayoutAnimationEnabledExperimental(true);

function LayoutAnimationPage(){
    const [w, setW] = React.useState(100);
    const [h, setH] = React.useState(100);

    function press() {
        LayoutAnimation.spring();
        setW(w+15)
        setH(h+15)
    }

    return (
        <View style={styles.container}>
            <View style={[styles.box, {width:w, height:h}]} />
            <TouchableOpacity onPress={()=>press()}>
                <View style={styles.button}>
                    <Text style={styles.buttonText}>Press me!</Text>
                </View>
            </TouchableOpacity>
        </View>
    );
}
```

需要说明的是，如果要在 Android 平台上使用 LayoutAnimation 动画，还需要在执行动画之前单独开启 UIManager，如下所示。

```
const { UIManager } = NativeModules;

UIManager.setLayoutAnimationEnabledExperimental &&
UIManager.setLayoutAnimationEnabledExperimental(true);
```

和 Animated 一样，LayoutAnimation 也支持 spring、linear、easeInEaseOut 等多种动画类型，它们的含义如下。

- spring：用于实现弹簧效果动画。
- linear：用于实现线性渐变动画。
- easeInEaseOut：用于实现缓入缓出动画。

尽管 LayoutAnimation 非常强大且有用，但它对动画本身的控制没有 Animated 方便，目前它仅支持对容器的透明度和宽高进行修改，如果需要实现一些复杂的动画效果，那么还是应该优先考虑使用 Animated 动画。

3.3.5 Lottie 动画

Lottie 是 Airbnb 开源的一个面向 iOS、Android、React Native 的动画库，能加载 Adobe After Effects 导出的动画，并且能让原生应用像使用静态素材一样使用这些动画，实现炫酷的动画效果。

在使用流程上，Lottie 动画需要先使用 Adobe After Effects 做出原动画，然后使用官方提供的 Bodymovin 插件把动画导出成 JSON 文件，而这个 JSON 文件就是 Lottie 需要解析的动画源文件。

在 React Native 项目中使用 Lottie 动画，需要先安装 lottie-react-native 和 lottie-ios 插件，如下所示。

```
yarn add lottie-react-native
yarn add lottie-ios@3.2.3
```

安装完成之后，可以使用 react-native link 命令来链接原生库的依赖。当然，除此之外，我们还可以手动添加依赖。对于使用 CocoaPods 的 iOS 项目来说，需要添加如下的脚本文件。

```
pod 'lottie-ios', :path => '../node_modules/lottie-ios'
pod 'lottie-react-native', :path => '../node_modules/lottie-react-native'
```

然后执行 pod install 命令安装插件即可。对于原生 Android 来说，首先需要在 android/settings.gradle 文件中添加如下内容。

```
include ':lottie-react-native'
project(':lottie-react-native').projectDir = new File(rootProject.projectDir,
'../node_modules/lottie-react-
```

接着，打开 app/ build.gradle 文件添加如下依赖。

```
dependencies {
  ...
  implementation project(':lottie-react-native')
  ...
}
```

最后，还需要将 LottiePackage 添加到 ReactApplication 的 getPackages 方法中，如下所示。

```
import com.airbnb.android.react.lottie.LottiePackage;

@Override
   protected List<ReactPackage> getPackages() {
      return Arrays.<ReactPackage>asList(
           ...  //省略其他代码
```

```
            new LottiePackage()
        );
    }
```

到此，Lottie 所需的原生开发环境就搭建好了。接下来，只需要使用 Lottie 提供的 LottieView 组件加载前面导出的 JSON 文件，如下所示。

```
    function LottieAnimPage(){
        return (
          <LottieView source={require('../animations/LottieLogo1.json')}
autoPlay loop />
        )
    }

    export default LottieAnimPage;
```

同时，LottieView 组件还提供了一个 progress 参数，用来给动画添加一些额外的效果。下面是使用 progress 实现点赞效果的示例代码。

```
    function LottieAnimPage(){

        const anim = useRef(new Animated.Value(0)).current;

        function linearAnim() {
            Animated.timing(anim, {
                toValue:1,
                duration:5000,
                easing:Easing.linear,
            }).start();
        }

        React.useEffect(() => {
            linearAnim();
        }, []);

        return (
            <LottieView source={require('../animations/TwitterHeart.json')}
                          progress={anim}  />
        )
    }
```

可以看到，实现 Lottie 动画效果的核心在于如何制作 Lottie 原动画。首先，我们需要安装 Adobe After Effects，并使用它制作 Lottie 原动画，然后安装 Bodymovin 插件，最后将 Lottie 原动画导出为动画的 JSON 文件。

如果没有安装 Adobe After Effects，可以到 Adobe 的官网下载并安装，如图 3-10 所示。

退出 Adobe After Effects，下载最新的 ZXP Installer 并安装。安装完成之后，下载最新的 Bodymovin 插件。下载完成后，打开 ZXP Installer，将 Bodymovin 插件拖到 ZXP Installer 的窗口中进行安装，如图 3-11 所示。

接下来，打开 Adobe After Effects，依次单击【Window】→【Extensions】就可以找到 Bodymovin 插件。当然，Lottie 官网也提供了很多炫酷的动画例子，如图 3-12 所示，可以直接下载这些动画的 JSON 文件来使用。

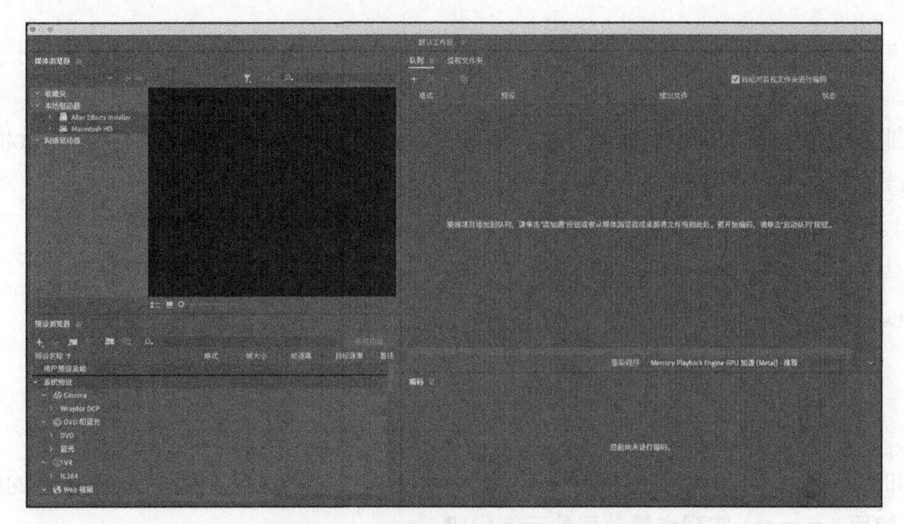

图 3-10 安装 Adobe After Effects

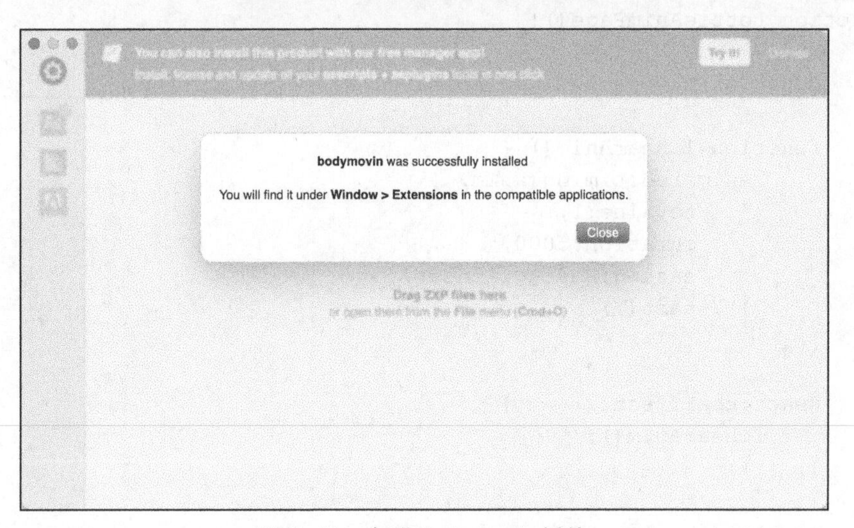

图 3-11 安装 Bodymovin 插件

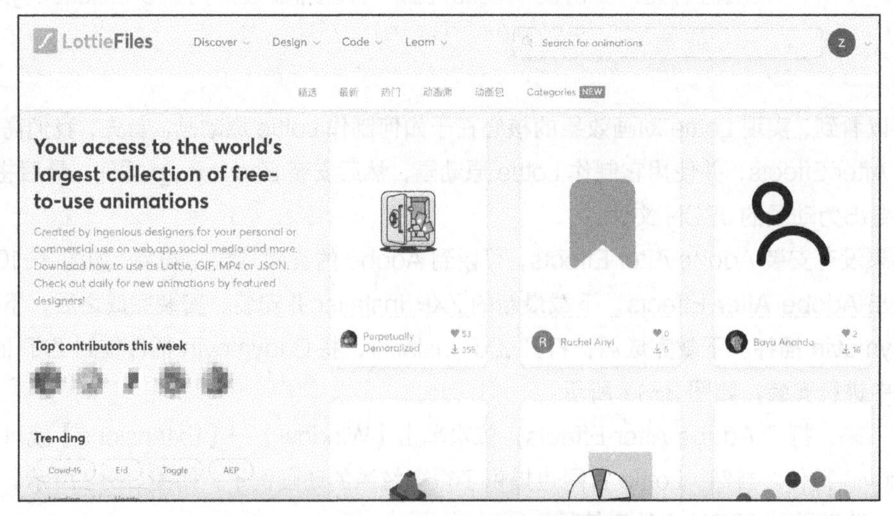

图 3-12 Lottie 官网提供的动画

3.4 本章小结

作为目前主流的移动跨平台技术方案之一，React Native 可以让前端开发者即便不深入原生应用开发，也能使用前端技术开发出用户体验可媲美原生应用的产品。同时，为了方便开发者快速地进行产品开发与迭代，React Native 官方提供了很多的基础组件，如常用的 View、Text 和 FlatList 等。

本章是 React Native 的基础章节，主要围绕页面布局、常用组件和动画组件等内容来讲解 React Native 的基础知识。相信学习本章内容后，读者能够快速上手 React Native 页面开发。

习题

一、简述题

1. 简述 CSS 包含的基本选择器，以及它们的执行顺序。
2. 简述 CSS 盒子模型，以及其常用的属性。
3. 简述 Flexbox 布局，以及其常用的属性。
4. 简述 FlatList 组件的 key 属性有什么作用。

二、实践题

1. 使用 Flexbox 布局开发计算器应用。
2. 熟练掌握各种动画 API 和它们的使用方法。

第 4 章 React Native 开发进阶

4.1 常用插件

4.1.1 react-navigation

如果说构成视图元素的基本单位是组件，那么构成应用的基本单位就是页面。在前端应用开发中，页面又被称为路由，是应用页面的一种抽象概念。由于单页面的应用几乎是不存在的，因此对于拥有多个页面的应用来说，管理路由和它们之间的数据传递，就是路由组件需要完成的事情。

在 0.44 版本之前，官方提供了 Navigator 路由组件，不过 Navigator 路由组件对大中型项目的支持并不是很友好，并且代码的嵌套流程降低了代码的可读性和可维护性。所以，在 0.44 版本之后，官方推荐开发者使用 react-navigation 库来管理路由及其跳转。

目前，react-navigation 支持 3 种导航功能，分别是 Tab 导航、Drawer 导航和 Stack 导航，它们的作用如下。

- Tab 导航：用于实现页面底部的 Tab 导航效果。
- Drawer 导航：用于实现侧边栏的抽屉导航效果。
- Stack 导航：包含导航栏的路由导航组件，用于实现路由之间的跳转。

其中，开发中使用最多的还是 Stack 导航。和使用其他的第三方库一样，使用 react-navigation 库之前需要先安装依赖脚本，如下所示。

```
npm install @react-navigation/native
npm install react-native-reanimated react-native-gesture-handler react-native-screens react-native-safe-area-context @react-native-community/masked-view
```

上面的依赖脚本是必须安装的，它们是其他导航库的基础库，并且这些基础库安装完成之后，还需要在原生项目中链接原生插件。对于 iOS 环境来说，打开原生 iOS 项目目录，然后执行 pod install 命令来安装原生插件即可。

对于 Android 环境来说，由于最新的 React Native 使用了很多的 AndroidX 属性，所以使用 react-navigation 之前还需要在原生项目中添加对 AndroidX 属性的支持。使用 Android Studio 打开原生 Android 项目，然后在 app/build.gradle 文件中添加如下脚本代码。

```
android {
... //省略其他脚本
packagingOptions {
        pickFirst "lib/arm64-v8a/librealm-jni.so"
 }
}

configurations.all {
     resolutionStrategy {
          force "com.facebook.soloader:soloader:0.8.2"
     }
}

def useIntlJsc = false
dependencies {
    ...       //省略其他脚本
    if (useIntlJsc) {
          implementation 'org.webkit:android-jsc-intl:+'
    } else {
          implementation 'org.webkit:android-jsc:+'
    }
}
```

重新编译项目，如果没有任何错误则说明成功集成 react-navigation。同时，由于 Tab 导航、Drawer 导航和 Stack 导航属于不同的库，因此在实际使用过程中还需要单独安装对应的功能库，如下所示。

```
npm install @react-navigation/stack          //Stack 导航
npm install @react-navigation/bottom-tabs    //Tab 导航
npm install @react-navigation/drawer         //Drawer 导航
```

需要说明的是，上面的 3 个库是相互独立的，使用时需要根据开发要求单独进行安装。通常，在 React Native 项目开发中，Tab 导航需要的 bottom-tabs 库和 Stack 导航需要的 stack 库都是必须安装的。

react-navigation 库的一个最基本的功能就是路由管理，路由管理使用的是 Stack 导航。借助 Stack 导航，开发者可以很轻松地管理路由页面。和 Android 的 Activity 栈的管理方式一样，每当我们打开一个新页面时，新页面都会被放到路由栈的顶部，而执行返回操作时弹出的也是最上面的路由。

为了说明 Stack 导航，我们首先新建 HomePage 和 DetailPage 两个页面，代码如下。

```
const HomePage=(navigation)=> {

  function jumpDetail() {
    navigation.navigate('Detail');
  }

  return (
      <View style={styles.ct}>
        <TouchableOpacity style={styles.touchableStyle} onPress={jumpDetail}>
          <Text style={styles.txtStyle}>
            跳转详情页面
```

```
            </Text>
          </TouchableOpacity>
        </View>
  );
}

const DetailPage=()=> {
  return (
        <View style={styles.ct}>
          <Text style={{fontSize:24}}>Detail Screen</Text>
        </View>
  );
}
```

接下来，使用 createStackNavigator 函数创建一个路由堆栈导航器，记得使用 export 关键字导出文件，如下所示。

```
const Stack = createStackNavigator();

const RootStack= () => {
    return (
        <NavigationContainer>
            <Stack.Navigator>
                <Stack.Screen name='Home' component={HomePage}/>
                <Stack.Screen name='Detail' component={DetailPage}/>
            </Stack.Navigator>
        </NavigationContainer>);
}
export default RootStack;
```

其中，createStackNavigator 函数包含两个属性，即导航器和路由，分别对应 Navigation-Container 和 Stack.Navigator 两个组件。然后，在最外层使用导航状态组件 NavigationContainer 进行包裹。

最后，从 React Native 应用的 App.js 入口文件中引入路由堆栈导航器 RootStack 即可，如下所示。

```
const App = () => {
    return (
        <RootStack/>
    );
};
```

运行上面的代码，当我们点击 HomePage 页面的【跳转详情页面】按钮时，应用就会跳转到 DetailPage 页面，效果如图 4-1 所示。

当然，在很多的路由跳转场景中还涉及参数传递，对于这种场景，可以在路由跳转过程中使用花括号对需要传递的参数进行标识，如下所示。

```
navigation.navigate('Detail',{
    itemId:86,
    otherParam:'anything you want here',
 });
```

然后，在接收参数的路由页面中使用 route.params 进行接收，如下所示。

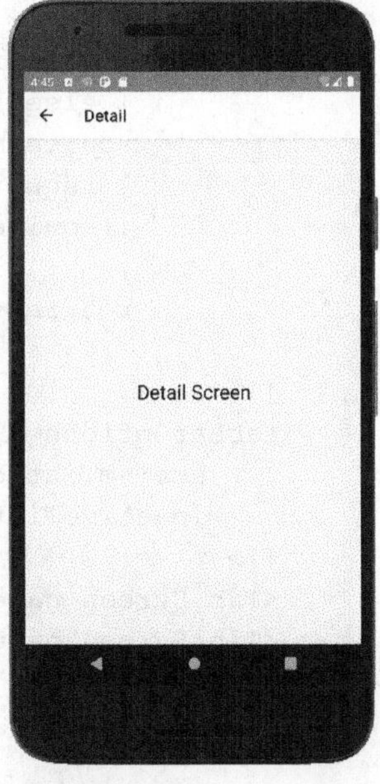

图 4-1 Stack 导航示例

```
const DetailPage=(router,navigation)=> {
  const { itemId } = route.params;
  const { otherParam } = route.params;
  ... //省略其他代码
}
```

可以看到，相比官方提供的 Navigator 组件来说，使用 react-navigation 插件提供的 Stack 导航在进行路由管理时，代码层次是非常清晰的，也非常好理解。除了 Stack 导航外，另一种常用的导航功能是 Tab 导航。Tab 导航最常用于应用底部或者顶部的 Tab 切换中。

由于 react-navigation 并没有包含 Stack 导航组件，所以使用前需要先安装 bottom-tabs 插件，命令如下。

```
npm install @react-navigation/bottom-tabs
```

然后，我们使用 createBottomTabNavigator 函数来创建 Tab 导航。创建时需要传入两个参数，分别是 Tab.Navigator 和 Tab.Screen，即导航器和路由。最后，使用 NavigationContainer 组件将它们包裹起来，如下所示。

```
import {NavigationContainer} from '@react-navigation/native';
import {createBottomTabNavigator} from '@react-navigation/bottom-tabs';

const Tab = createBottomTabNavigator();

const MainPage = () => {
    return (<NavigationContainer>
              <Tab.Navigator
                  screenOptions={({route}) => ({
                      tabBarIcon:({focused,size}) => {
                          let sourceImg;
                          if (route.name === 'Home') {
                                 sourceImg = focused
```

```
                    ? require('./images/tab_home_p.png')
                    :require('./images/tab_home_n.png');
                } else if (route.name === 'Me') {
                sourceImg = focused
                ? require('./images/tab_me_p.png')
                :require('./images/tab_me_n.png');
                }
                return <Image source={sourceImg}/>;
            },
        })}
        tabBarOptions={{
            activeTintColor:'green',
            inactiveTintColor:'gray',
        }}>
        <Tab.Screen name="Home" component={HomeScreen}/>
        <Tab.Screen name="Me" component={MeScreen}/>
      </Tab.Navigator>
    </NavigationContainer>
  );
};

export default MainPage;
```

同时，Tab.Navigator 和 Tab.Screen 都提供了很多额外的属性，可以帮助开发者实现自定义需求，如果开发者有这方面的需要，可以好好地研究一下它们的属性值。运行上面的代码，效果如图 4-2 所示。

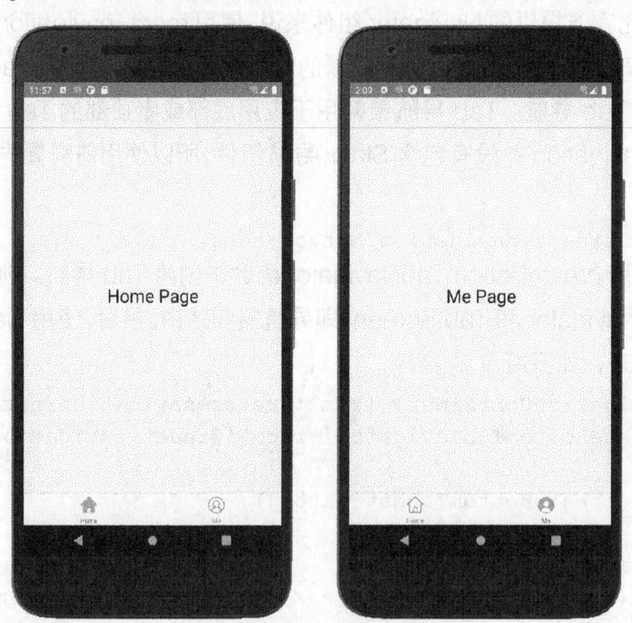

图 4-2　Tab 导航运行效果

在 React Native 应用开发中，Stack 导航和 Tab 导航是两个必然会被用到的功能，并且一般都是 Stack 导航嵌套 Tab 导航，最后使用 NavigationContainer 组件嵌套 Stack 导航。

4.1.2 react-redux

众所周知，在 React 中数据的通信是单向的，即父组件可以通过 props 向子组件传递数据，而子组件却不能向父组件传递数据。要实现子组件向父组件传递数据的需求，需要父组件提供一个修改数据的方法，但是，当页面越来越多的时候，数据的管理就会变得异常复杂。

并且，每次数据的更新都需要调用 setState，特别是在涉及跨组件通信的问题时就会很麻烦。在 React 开发中，为了解决跨组件通信的问题，业界开发了一大批状态管理框架，目前比较常用的 React 状态管理框架有 Flux、Redux 和 Mobx 等。

其中，Flux 是 Facebook 用于建立客户端 Web 应用的前端框架，它利用一个单向数据流补充了 React 的组合视图组件，解决了 MVC 技术架构中数据流管理混乱的问题。

Redux 则是由 Dan Abramov（丹·阿布拉莫夫）开源的一款前端状态管理框架，由 Action、Store 和 Reducers 这 3 个部分组成。它将所有的数据都存储到 Store 对象中，当 Store 中的数据发生变化时，它会自动通知其他订阅的组件执行数据的刷新。

Mobx 是一款面向对象的状态管理框架，它与 Redux 的最大区别是可以直接修改数据，并精准地通知 UI 进行刷新，而不是使用 Redux 的广播方式，因此它的性能更好。不过，每一种状态管理框架都有自己适用的场景，具体使用哪种还需要依据实际情况进行选择。

可以发现，Redux 特别适合用在需要集中管理数据的场景中，即多个组件使用同一个数据源，维护同一个数据样本，它的优点是，可以保证各组件之间数据的一致性。

Redux 框架的三部分中，Store 用于存储应用的状态数据（记为 State），组件通过 dispatch 方法触发 Action，Action 将接收的用户事件（亦记为 Action）转发给 Store，Store 接收 Action 并将其转发给 Reducer，Reducer 根据 Action 类型对状态数据进行处理并将处理结果返回给 Store 执行数据存储。接着，其他组件通过订阅 Store 的状态（State）来刷新自身的状态，从而实现组件之间的状态数据共享。上述工作流程示意如图 4-3 所示。

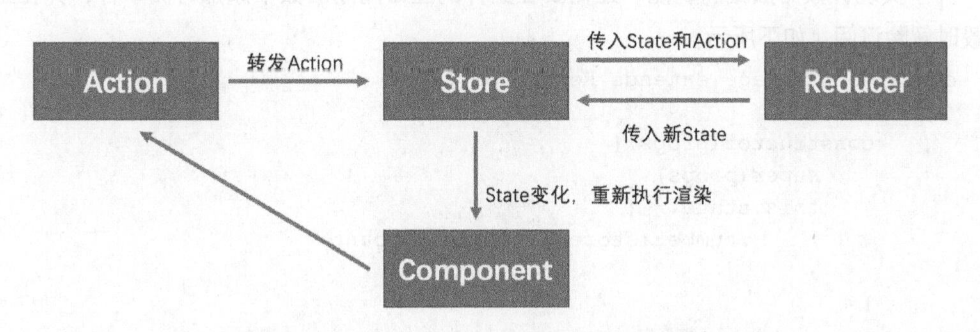

图 4-3 Redux 状态管理框架的工作流程示意

下面是使用 Redux 状态管理框架实现官方计数器的示例。首先，创建一个 action.js 文件，用来定义 Action 的行为事件，如下所示。

```
export const ADD = 'ADD'
export const MINUS = 'MINUS'
```

在上面的代码中，我们定义了 ADD 和 MINUS 两个事件，分别用来表示加和减操作。接着，创建一个 reducer.js 文件，用来处理组件的业务逻辑。比如在此示例中，该文件主要用来处理加法和减法，处理完成之后将结果返回给 Store 对象，如下所示。

```
import {ADD, MINUS} from './action';

function reducer (state = {count:0}, action) {
    switch(action.type) {
        case ADD:
            return {count:state.count + 1}
        case MINUS:
            return {count:state.count - 1}
        default:
            return state
    }
}
export default reducer
```

在上面的代码中，我们用到了一个 reducer 函数，它是一个纯函数，接收 State 和 Action 两个参数。其中，State 是旧的状态数据，不可以直接修改，需要先判断 Action 的类型，然后执行数据的刷新，并将新的状态数据返回给 Store 对象。

接下来，创建一个全局的 Store 对象，用来存放应用的状态数据。创建时需要使用 Store 提供的 createStore 方法，如下所示。

```
import { createStore } from 'redux'
import reducer from './reducer';
const store = createStore(reducer)
export default store
```

除了 createStore 方法外，创建时 Store 还有以下几个方法可以调用。

- getState：获取最新的状态数据。
- dispatch：派发 Action 的行为事件。
- subscribe：订阅 Store 中的状态变化。

为了实现计数器加减的功能，还需要在组件的生命周期函数中添加订阅事件，并在组件销毁时解除订阅，如下所示。

```
class CounterPage extends React.Component {

    constructor(props){
        super(props)
        this.state = {
            number:store.getState().count
        }
    }

    componentDidMount () {
        this.unSubscribe = store.subscribe(() => {
            this.setState({
                number:store.getState().count
            })
        })
    }
```

```
        componentWillUnmount () {
            this.unSubscribe && this.unSubscribe()
        }

        render() {
            return (
                <View style={styles.ct}>
                    <Text>{this.state.number}</Text>
                    <Button
                        title="加 1"
                        onPress={() => store.dispatch({type:'ADD'})}/>
                    <Button
                        title="减 1"
                        onPress={() => store.dispatch({type:'MINUS'})}/>
                </View>
            );
        }
    }

    export default CounterPage
```

在上面的代码中，我们通过 store.getState 方法来获取最新的状态数据，并在执行加减操作时通过 store.dispatch 方法派发 Action 的行为事件给 Store。可以发现，在类组件中使用 Redux 还是很烦琐的，需要开发者自己管理组件的状态数据，而如果改用 React Hooks 就要简单许多。

在 React Hooks 中使用 Redux 需要使用 react-redux 库提供的 useSelector 与 useDispatch 两个函数。其中，useSelector 函数可以用来获取状态值，而 useDispatch 则可以用来修改状态数据，如下所示。

```
import { useSelector, useDispatch } from 'react-redux'

const CounterPage = () => {

    const count = useSelector(state => state.count)
    const dispatch = useDispatch()

    return (
        <View style={styles.ct}>
            <Text>{count}</Text>
            <Button
                title='加 1'
                onPress={() => dispatch({type:'ADD'})}/>
            <Button
                title='减 1'
                onPress={() => dispatch({type:'MINUS'})}/>
        </View>
    );
}
```

```
const styles = StyleSheet.create({
    ... //省略其他代码
});

export default CounterPage
```

可以发现，相比于使用类组件来说，使用 React Hooks 实现的代码就要简洁许多。首先，我们使用 useSelector 函数获取 Store 中的状态数据，然后，使用 useDispatch 函数派发 Action 的行为事件。

最后，使用 Redux 实现不同组件之间状态数据的共享，还需要用到 Provider 组件，它是 react-redux 库提供的一个状态管理组件，用来包裹需要状态数据的页面，如下所示。

```
const App = () => {
    return (
        <Provider store={store}>
            <CounterPage />
        </Provider>
    );
};
```

需要说明的是，在使用 Redux 进行数据状态管理时，应注意以下几点。

- 应用中有且仅有一个全局的 Store 对象，它用来存储整个应用的状态数据。
- 状态数据是只读的，修改状态数据只能通过派发 Action 的行为事件来触发。为了使用 Action 改变状态数据，需要用到纯函数 reducer。
- 单一数据源让多个 React 组件之间的通信更加方便，也更有利于状态的统一管理。

4.1.3 react-native-video

在移动应用开发中，视频播放是一个非常常见的需求。虽然 React Native 社区提供的视频播放插件并不是很多，但是 react-native-video 是一个不错的选择。react-native-video 是开源社区提供的一个视频播放插件，支持常见的视频播放与暂停、音量控制、快慢控制、进度控制和后台播放等基础的功能。

由于 react-native-video 插件功能相对完备，集成也非常简单，所以完全能够满足视频开发需求。使用之前，需要先在项目中安装 react-native-video 库，如下所示。

```
yarn add react-native-video
```

如果 React Native 项目使用的是 0.60.0 以下的版本，还需要在原生项目中手动添加依赖。对于 iOS 平台来说，需要在 Podfile 脚本文件中添加如下依赖。

```
pod 'react-native-video', :path => '../node_modules/react-native-video/
react-native-video.podspec'`
end
```

对于 Android 平台来说，需要打开项目的 settings.gradle 文件，在其中添加如下声明。

```
include ':react-native-video'
project(':react-native-video').projectDir = new File(rootProject.projectDir,
'../node_modules/react-native-video/android-exoplayer')
```

然后，在 app/build.gradle 文件中添加 react-native-video 依赖，如下所示。

```
dependencies {
    ...  //省略其他脚本
    compile project(':react-native-video')
implementation "androidx.appcompat:appcompat:1.0.0"
    ...
}
```

最后，在 Android 的 MainApplication.java 类中引入 ReactVideoPackage 类，用于向系统进行注册，如下所示。

```
@Override
protected List<ReactPackage> getPackages() {
    return Arrays.asList(
              new MainReactPackage(),
              new ReactVideoPackage()
    );
}
```

React Native 0.60.0 及其以上版本则不需要手动添加依赖，只需要直接安装插件，项目在编译的时候会自动添加依赖。

经过上面的处理之后，就可以使用 react-native-video 提供的 Video 组件进行视频开发工作了。如果只是简单地实现视频播放功能，那么只需要提供视频资源的链接，其他属性都是可选的，如下所示。

```
let videoUrl='http://img.prd-web.cgv.com.cn/img/CGV_CMS_1611713470455.mp4'

<Video source={{uri:videoUrl}}
        ref={(ref) => {
          this.player = ref
        }}
        onBuffer={this.onBuffer}
        onError={this.videoError}
        style={styles.backgroundVideo} />

var styles = StyleSheet.create({
  backgroundVideo:{
    position:'absolute',
  },
});
```

其中，source 是必须传入的属性，它表示视频资源的路径，这种路径可以是网络路径，也可以是本地路径。除了 source 属性之外，其他常用的属性如下。

- poster：视频在播放前显示的封面，一般是一张图片。
- rate：控制视频的播放速率。
- paused：控制视频的播放与暂停，值为 true 表示播放，false 表示暂停。
- volume：控制视频的音量。
- resizeMode：控制视频的缩放模式，取值有 cover、contain、stretch、repeat 和 center。
- posterResizeMode：控制视频海报的缩放模式，取值有 cover、contain、stretch、repeat 和 center。
- repeat：控制视频播放完之后是否重复播放。

除了上面这些属性外，react-native-video 还提供了如下一些函数来控制视频。

- onVideoLoadStart：视频开始播放的回调函数。
- onVideoLoad：视频正在播放的回调函数。
- onVideoEnd：视频播放完成的回调函数。

使用 react-native-video 虽然可以完成视频播放功能，但是如果要对视频进行播放、暂停、拖动进度条和放大等操作的话，还需要开发者自己开发操作界面，因为 react-native-video 并没有提供相应的组件。因此，在开发视频播放功能时，还需要安装 react-native-video-controls 库，该库是对 react-native-video 库的二次包装，并且提供了基本的视频暂停、播放和拖动进度条等操作界面，如图 4-4 所示。

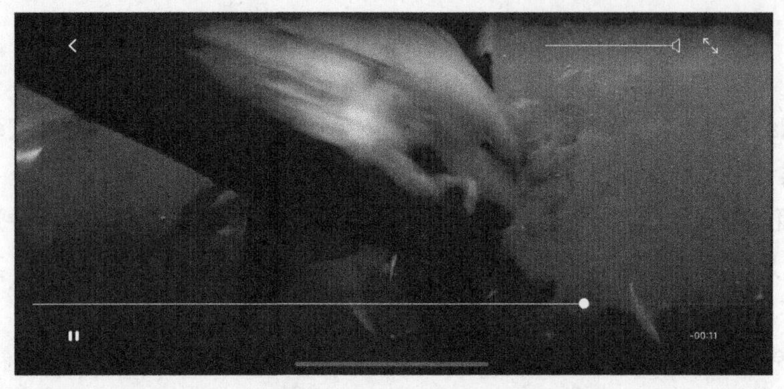

图 4-4　使用 VideoPlayer 组件播放视频

react-native-video-controls 库提供了一个 VideoPlayer 组件，使用时只需要传入 source 属性，如下所示。

```
import VideoPlayer from 'react-native-video-controls';
<VideoPlayer source={{uri:'https://vjs.zencdn.net/v/oceans.mp4'}}/>;
```

为了方便开发者操作视频，VideoPlayer 组件提供了如下一些常用的属性和函数。

- toggleResizeModeOnFullscreen：点击全屏按钮来控制视频窗口是否全屏显示。
- tapAnywhereToPause：点击视频的任何位置暂停/开始视频的播放。
- controlTimeout：控制进度条消失的时间，单位为毫秒。
- seekColor：控制进度条的颜色。
- videoStyle：控制播放器的样式。
- onEnterFullscreen：全屏播放的回调函数。
- onExitFullscreen：退出全屏的回调函数。
- onError：视频加载失败的回调函数。
- onPause：暂停播放的回调函数。
- onPlay：视频处于播放状态的回调函数。
- onEnd：播放结束的回调函数。

目前，支持 React Native 的视频播放的开源方案并没有很多，但作为市面上优秀的视频开源方案，react-native-video 本身提供了很多有用的 API，可以帮助开发者快速地完成视频功能的开发。

4.1.4 react-native-baidumap-sdk

地图定位服务作为移动应用开发中的一种基础需求，经常出现在生活出行、导航和旅游类应用中。目前，主流的地图服务厂商都开发了支持 React Native 的 SDK（Software Development Kit，软件开发工具包）。百度地图作为国内著名的地图服务厂商，支持几乎所有的位置服务，比如定位、线路规划、地图锚点和热力图等。

在 React Native 项目中集成地图服务，需要先安装百度官方提供的 react-native-baidumap-sdk 地图插件，如下所示。

```
yarn add react-native-baidumap-sdk
```

由于 react-native-baidumap-sdk 最终是依赖原生百度地图 SDK 来进行地图服务的，所以在引入 react-native-baidumap-sdk 插件包之后，还需要在原生项目中进行配置。

首先，按照百度地图的官方要求去百度地图官网申请 AK（API Key，百度地图移动版开发密钥），如果还没有百度开发账号，可以到官网申请。然后，如图 4-5 所示，进入百度地图开放平台并创建一个应用，填入应用名称和支持的应用类别，并按照要求填写 SHA-1（一种密码散列函数）和应用包名等信息，选择需要启用的服务并完成应用的创建，创建完成后会在百度地图开放平台生成对应的开发密钥。

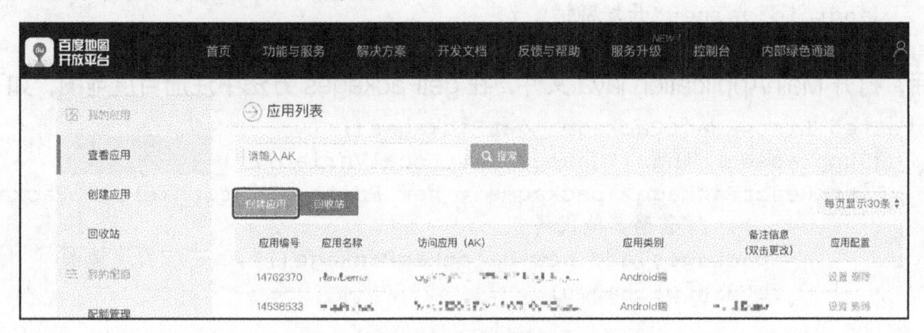

图 4-5 创建应用

如果不知道如何获取 SHA-1 和应用包名等信息，可以使用 Android Studio 自带的 Gradle 工具进行查看。单击 Android Studio 右侧的 Gradle 工具栏，然后依次单击【Tasks】→【signingReport】即可，如图 4-6 所示。

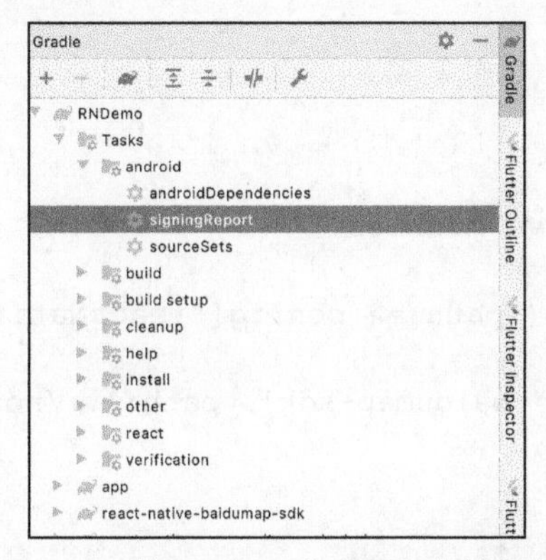

图 4-6 获取 SHA1 和应用包名等信息

使用 Android Studio 打开原生 Android 项目，然后在 settings.gradle 文件中添加百度地图插件声明，如下所示。

```
include ':react-native-baidumap-sdk'
project(':react-native-baidumap-sdk').projectDir = new File(rootProject.projectDir, '../node_modules/react-native-baidumap-sdk/lib/android')
```

然后，在 app/build.gradle 文件中添加 react-native-baidumap-sdk 插件的依赖，如下所示。

```
dependencies {
    ... //省略其他依赖
    implementation project(':react-native-baidumap-sdk')
}
```

接下来，打开 Android 的 Manifest.xml 配置文件，添加一些必要的权限和百度地图需要的开发密钥等参数配置，如下所示。

```
<uses-permission android:name="android.permission.INTERNET" />
<uses-permission android:name="android.permission.ACCESS_NETWORK_STATE" />
<uses-permission android:name="android.permission.WRITE_EXTERNAL_STORAGE" />
<uses-permission android:name="android.permission.ACCESS_COARSE_LOCATION" />
<uses-permission android:name="android.permission.ACCESS_FINE_LOCATION" />

<application>
    <meta-data
      android:name="com.baidu.lbsapi.API_KEY"
      android:value="开发密钥" />
</application>
```

最后，打开 MainApplication.java 文件，在 getPackages 方法中注册百度地图，如下所示。

```
protected List<ReactPackage> getPackages() {
     @SuppressWarnings("UnnecessaryLocalVariable")
     List<ReactPackage> packages = new PackageList(this).getPackages();
             ... //省略其他代码
             packages.add(new BaiduMapPackage());    //百度地图
           return packages;
         }
```

需要注意的是，由于开发密钥是在原生端配置的，所以对于 iOS 平台来说，也需要事先获取针对 iOS 应用的开发密钥。获取开发密钥的方式和 Android 大致是一样的，不同之处是选择运行环境时需要选择 iOS。

接着，打开 iOS 原生项目目录下的 Podfile 文件，在其中添加 RNBaiduMap 包的依赖，如下所示。

```
platform :ios, '10.0'

target 'cgv_app' do
   config = use_native_modules!

   use_react_native!(:path => config["reactNativePath"])
    //百度地图
    pod 'react-native-baidumap-sdk', path:'../node_modules/react-native-baidumap-sdk/lib/ios'

  ...  //省略其他脚本
end
```

然后，在iOS项目的根目录下执行pod install命令安装插件包。完成上述操作之后，在初始化react-native-baidumap-sdk模块时使用Initializer组件添加前面申请的iOS开发密钥，如下所示。

```
import {Initializer } from 'react-native-baidumap-sdk'
Initializer.init('iOS开发密钥').catch(e => console.error(e))
```

由于Android的开发密钥事先写在了Manifest.xml配置文件中，所以不需要在初始化的时候额外传入。

初始化完成之后，接下来就可以进行功能开发了。为了完成定位、线路规划、地图锚点和热力图等功能的开发，react-native-baidumap-sdk 插件提供了 MapView、Location、Marker、HeatMap和Geocode等组件。下面是使用MapView组件加载卫星地图的示例代码。

```
import { MapView } from 'react-native-baidumap-sdk'

render() {
  return <MapView center={{ latitude:39.2, longitude:112.4 }} />
}
```

运行上面的代码，就可以看到对应坐标所在区域的卫星地图。

如果需要监听地图事件，如地图是否加载完成，可以使用MapView组件提供的回调函数，如下所示。

```
import { MapView } from 'react-native-baidumap-sdk'

render() {
  return (
    <MapView
      onLoad={() => console.log('onLoad')}
      onClick={point => console.log(point)}
      onStatusChange={status => console.log(status)} />
  )
}
```

如果需要获取定位信息，可以使用Location组件，在使用前请确保已经获取了定位权限，如下所示。

```
import { MapView, Location } from 'react-native-baidumap-sdk'

state = { location:null }

const getLocation = async () => {
    try {
       //请求定位权限
       await BaiduLocation.init()
       Location.addLocationListener(location => this.setState({ location }))
       BaiduLocation.start()
    } catch (e) {
       console.log('DEBUG', e)
    }
  }

render() {
  return <MapView location={this.state.location} locationEnabled />
}
```

如果需要在地图上添加标记或锚点，可以使用 MapView.Marker 组件。在使用该组件的时候需要使用 MapView 组件进行包裹，并且需要给它传入锚点颜色、文字等属性，如下所示。

```
<MapView>
  <MapView.Marker
    color="#2ecc71"
title="This is a marker"
coordinate={coordinate}
    onPress={this.onPress}
  />
</MapView>
```

运行上面的代码，地图指定的经纬度处就会出现锚点。

除了使用自带的锚点标记，MapView.Marker 组件还支持自定义标记，但在使用时需要传入 icon 属性。

```
<MapView>
  <MapView.Marker
    icon={() => (
      <View>
        <Image source={image} />
        <Text>This is a custom marker</Text>
      </View> )} />
</MapView>
```

除了基础的定位和标记功能外，react-native-baidumap-sdk 还支持聚合点、热力图等功能，基本上原生 SDK 能支持的功能，在 react-native-baidumap-sdk 插件中都能找到对应的 API。不过，如果不是专业的地图类应用，这些功能基本上是用不到的。

当然，除了地图插件本身提供的功能外，我们还可以使用 Linking 组件来打开手机中安装的地图软件，如下所示。

```
let url = '';
let webUrl = '';

Linking.canOpenURL(url).then(supported => {
     if (!supported) {
          return Linking.openURL(webUrl);
     } else {
          return Linking.openURL(url);
     }}).catch(err => console.error('An error occurred', err));
```

事实上，作为一个强大的超链接组件，Linking 组件还支持打开 E-mail、短信、电话和浏览器，其作用类似于前端开发中的 herf 标签。以下是打开 E-mail、电话、短信的相关协议。

```
mailto:support@expo.io          //E-mail
tel:+123456789                   //电话
sms:+123456789                   //短信
```

4.1.5 jpush-react-native

消息推送是移动应用中一项非常重要的服务，几乎每个移动应用都会集成消息推送服务。借助消息推送插件，商家可以将一些重要内容推送给用户，从而提升整个产品的运营能力，提高产品的营收。

从技术实现上来说，消息推送是一个横跨业务服务器、第三方推送服务托管厂商、操作系统长连接推送服务、用户终端和移动手机应用等5个方面的复杂业务应用场景。在原生iOS开发中，为了方便开发者快速地接入消息推送服务，Apple 官方提供的苹果推送通知服务（Apple Push Notification service，APNs）接管了系统所有应用的消息通知，任何第三方消息推送都需要经过官方的推送服务进行转发。对于原生Android平台来说，则可以使用Google提供的类似Firebase的云消息传递机制来实现统一的推送托管服务。

在具体技术实现时，当某个应用需要发送消息时，消息会由应用的服务器先发给Apple或Google的消息推送服务器，然后经由APNs或FCM（Google的消息推送框架）发送到设备，设备接收到消息后经过系统层面完成解析，最终把消息转发给所属应用。整个工作流程如图4-7所示。

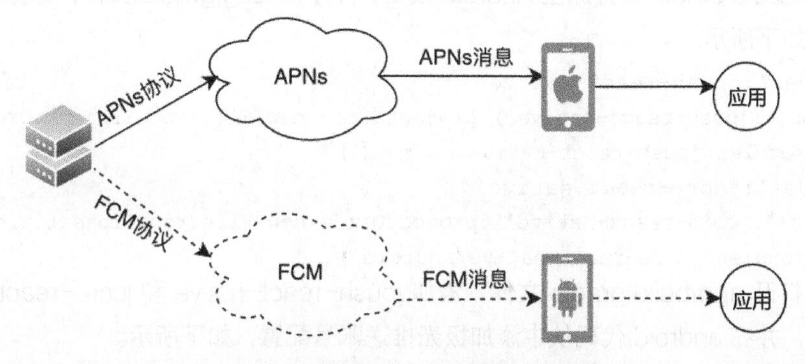

图 4-7 移动应用消息推送架构示意

由于Google服务在我国并不稳定，因此在国内开发移动产品时通常会选用国产的推送服务，比如极光推送、个推和友盟+等。极光推送是国内起步较早的推送服务厂商，也是一个免费的第三方消息推送服务厂商，围绕推送服务，极光推送官方推出了众多平台的SDK及插件，不仅提供Android、iOS原生平台SDK，还提供Unity3d、PhoneGap、Uniapp、Flutter和React Native等跨平台插件，可以帮助开发者快速地接入推送服务，如图4-8所示。

极光文档
推送 统计 IM 短信 分享 认证 魔链 合规指南

入门指南
Android
iOS
WindowsPhone
REST API
高级
客户端集成插件
服务端 SDK
旧文档
最近更新
资源下载

官方维护

官方维护的版本放在 Github - 极光开发者 上以开源的形式发布。如果需下载打包版本，请点击相应项目页面的 "Releases"，下载你想要的发布打包。

官方插件地址包含：安装方法、demo（example 文件夹内）、API 文档、常见问题，请开发者仔细参阅。

PhoneGap / Cordova / Ionic

官方地址：https://github.com/jpush/jpush-phonegap-plugin

Cocos2d-x

官方地址：https://github.com/jpush/jpush-cocos2d-x-plugin

Unity3d

官方地址：https://github.com/jpush/jpush-unity3d-plugin

React Native

官方地址：https://github.com/jpush/jpush-react-native

HBuilder

基于 HBuilder 提供的 第三方插件架构 进而开发出的推送插件，并集成到 iOS/Android 工程里的 demo。

官方地址：https://github.com/jpush/jpush-hbuilder-demo

Flutter

官方地址：https://github.com/jpush/jpush-flutter-plugin

图 4-8 极光推送官方接入文档

集成极光推送服务之前，需要先在项目中安装 jpush-react-native 和 jcore-react-native 两个插件，如下所示。

```
npm install jpush-react-native -save
npm install jcore-react-native --save
```

之所以需要安装 jcore-react-native 插件，是因为极光推送 SDK 采用的是模块化的开发方式，即一个核心加多种服务。所以，在安装极光推送插件时，需要同时安装公共核心插件和推送服务插件。

由于 React Native 在 0.60.0 版本之后，安装插件时会自动完成原生库的环境依赖，所以不需要再执行 link 命令。但是，插件安装完成之后，还需要在原生 Android、iOS 中配置极光推送相关的账号信息。

使用 Android Studio 打开原生 Android 项目，打开 setting.gradle 文件，安装极光推送涉及的插件，如下所示。

```
include ':jpush-react-native'
project(':jpush-react-native').projectDir = new File(rootProject.projectDir,
'../node_modules/jpush-react-native/android')
include ':jcore-react-native'
project(':jcore-react-native').projectDir = new File(rootProject.projectDir,
'../node_modules/jcore-react-native/android')
```

接着，打开 app/build.gradle 文件，添加 jpush-react-native 和 jcore-react-native 推送插件依赖，并在 android 代码块中添加极光推送账号配置，如下所示。

```
android {
        defaultConfig {
            applicationId "yourApplicationId"       //替换成自己的应用包名
            ...
            manifestPlaceholders = [
                    JPUSH_APPKEY:"yourAppKey",    //替换成自己的 AppKey
                    JPUSH_CHANNEL:"yourChannel"   //替换成自己的 Channel
            ]
        }
  }

dependencies {
    implementation fileTree(dir:"libs", include:["*.jar"])
    implementation project(':jpush-react-native') //添加 jpush 依赖
implementation project(':jcore-react-native')       //添加 jcore 依赖
... //省略其他插件
}
```

然后，点击【同步工程】按钮就可以重新构建项目。需要说明的是，如果还没有极光推送所需的 AppKey 和 Channel 的参数值，可以打开极光企业应用运营平台创建一个移动推送应用，系统会自动生成对应的 AppKey，如图 4-9 所示。

完成上述操作之后，使用 Android Studio 打开原生 Android 项目，然后在 MainApplication.java 文件的 getPackages 方法中注册极光推送插件，如下所示。

图 4-9 极光后台创建移动推送应用（图中 3M 指 3MB）

```
public class MainApplication extends Application implements ReactApplication {

  private final ReactNativeHost mReactNativeHost = new ReactNativeHost(this) {

        @Override
        protected List<ReactPackage> getPackages() {
          @SuppressWarnings("UnnecessaryLocalVariable")
          List<ReactPackage> packages = new PackageList(this).getPackages();
          //0.60 以下版本需要注册极光推送插件
          //packages.add(new JPushPackage());
          return packages;
        }

    };

    ... //省略其他代码

   @Override
  public void onCreate() {
    super.onCreate();
    SoLoader.init(this, /* native exopackage */ false);
    initializeFlipper(this, getReactNativeHost().getReactInstanceManager());
    JPushModule.registerActivityLifecycle(this);
  }
}
```

同时，为了能够正常接收推送消息，还需要在 AndroidManifest.xml 配置文件中添加网络、推送自定义权限和 meta-data 参数等，如下所示。

```
<manifest xmlns:android="http://schemas.android.com/apk/res/android"
    package="com.cgv.jpush">

    <permission
        android:name="${applicationId}.permission.JPUSH_MESSAGE"
        android:protectionLevel="signature"/>
    <uses-permission
        android:name="${applicationId}.permission.JPUSH_MESSAGE"/>
```

```
    <uses-permission android:name="android.permission.INTERNET" />

    <application
        android:name=".MainApplication">

        ... //省略其他配置

        <meta-data
            android:name="JPUSH_CHANNEL"
            android:value="${JPUSH_CHANNEL}" />
        <meta-data
            android:name="JPUSH_APPKEY"
            android:value="${JPUSH_APPKEY}" />
    </application>
</manifest>
```

经过上述操作之后，极光推送所需的原生 Android 端集成就完成了。接下来，我们打开极光推送的后台，新建一条自定义推送消息并进行全部设备推送即可，如图 4-10 所示。

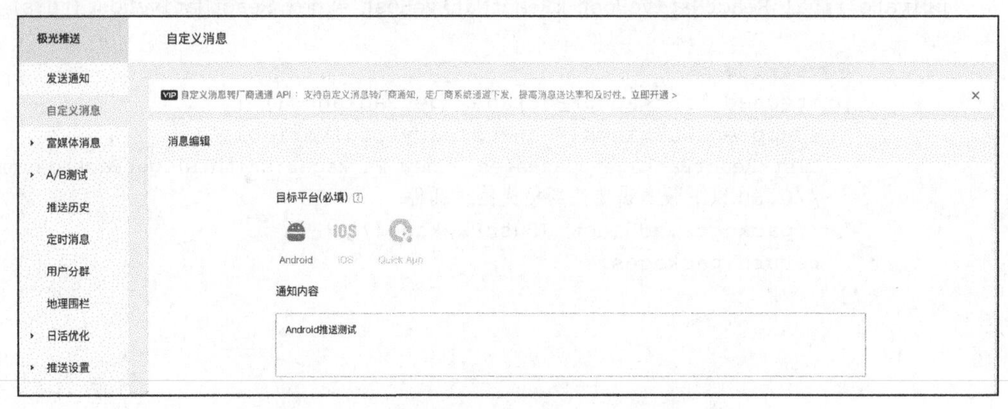

图 4-10 极光推送后台创建自定义推送消息

对于 iOS 平台来说，其接入的流程与上述流程是一样的，也需要先在原生 iOS 端完成推送的集成，并开启相关的通知权限，然后设备才能够进行相应的通知接收。

4.2 插件开发

4.2.1 创建插件

React Native 之所以流行，除了因为它本身具备跨平台特性之外，还因为它具备强大的社区生态，能为开发者提供有力的技术支持。所以，对于常规的开发需求来说，可以直接使用第三方插件，如果没有合适的插件，那么开发者也可以自己手动开发插件。

在 React Native 中，开发插件需要全局安装 react-native-cli 和 react-native-create-library 两个插件，安装命令如下。

```
npm install -g yarn react-native-cli
npm install -g react-native-create-library
```

插件安装成功之后，我们就可以在指定目录下使用命令创建自己的插件工程了，命令如下。

```
react-native-create-library --package-identifier 包名 --platforms android,ios
插件名
```

插件工程创建好后，打开工程的 README.md 文档说明文件，如果其中有一个名为 react-native-alipay 的插件工程，就说明创建成功了。

接着，使用 VS Code 等可视化 IDE 工具打开插件工程。可以看到，插件工程也是由 android、ios、index.js 和 package.json 等目录组成的，其项目结构和 React Native 应用工程的项目结构是一致的，如图 4-11 所示。

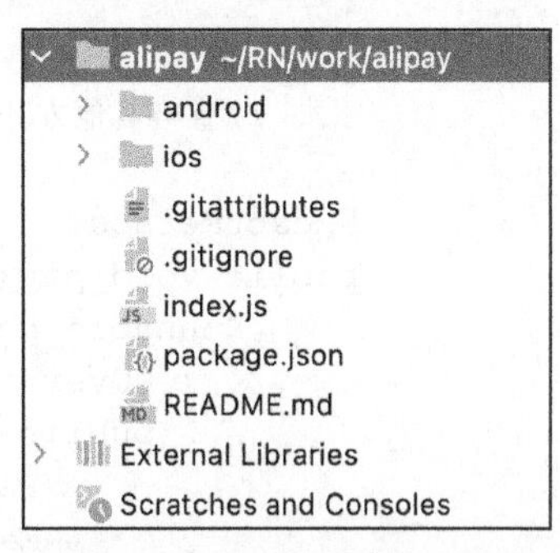

图 4-11 插件工程项目结构

事实上，React Native 插件开发就是统一封装原生 Android、iOS 平台提供的某些功能，然后把它们提供给 JavaScript 层进行调用。因此，React Native 插件开发的核心工作仍然在原生平台上。

接下来，我们就通过支付宝提供的移动 SDK 来完成 React Native 支付插件的开发，并说明 React Native 插件的开发流程和细节。

4.2.2 Android 平台集成

首先，我们打开支付宝官网下载最新版本的 Android SDK。然后，使用 Android Studio 打开插件的 Android 部分，将解压得到的 alipaysdk.aar 包复制到原生 Android 的 libs 目录下，如果没有 libs 目录也可以新建一个。

接着，打开 app/build.gradle 配置文件，在 dependencies 配置节点中添加支付宝 alipaysdk.aar 包依赖，如下所示。

```
apply plugin:'com.android.library'

... //省略其他代码

dependencies {
    //支付宝 SDK aar 包所需的配置
    implementation fileTree(dir:"libs", include:["*.aar"])
}
```

点击【Sync Project】按钮重新构建原生项目，此时 alipaysdk.aar 就会自动添加到工程依赖环境。接着，打开 AndroidMainifest.xml 文件，并向其中添加一些必要的权限，比如网络、读写权限，如下所示。

```
<uses-permission android:name="android.permission.INTERNET" />
<uses-permission android:name="android.permission.ACCESS_NETWORK_STATE" />
<uses-permission android:name="android.permission.ACCESS_WIFI_STATE" />
```

为了能够让 JavaScript 端顺利地调用原生 Android 平台提供的方法，需要继承 ReactContextBaseJavaModule 类，比如此处的 RNAlipayModule.java 类。

需要说明的是，RNAlipayModule.java 类是在我们创建 React Native 插件工程时自动生成的，不需要额外创建。然后，我们在 RNAlipayModule.java 类中添加支付方法，并使用@ReactMethod 注解对其进行标识，如下所示。

```
public class RNAlipayModule extends ReactContextBaseJavaModule {

    @Override
    public String getName() {
        return "RNAlipay";
    }

    ... //省略其他方法

    @ReactMethod
    public void pay(final String orderInfo, final Promise promise) {
        Runnable payRunnable = new Runnable() {
            @Override
            public void run() {
                PayTask alipay = new PayTask(getCurrentActivity());
                Map<String, String> result = alipay.payV2(orderInfo, true);
                promise.resolve(getWritableMap(result));
            }
        };
        // 必须异步调用
        Thread payThread = new Thread(payRunnable);
        payThread.start();
    }

    private WritableMap getWritableMap(Map<String, String> map) {
        WritableMap writableMap = Arguments.createMap();
        for (Map.Entry<String, String> entry:map.entrySet()) {
             writableMap.putString(entry.getKey(), entry.getValue());
        }
        return writableMap;
    }

}
```

而使用@ReactMethod 注解标识的方法就是提供给 JavaScript 端调用的，此方法的返回类型必须为 void。同时，因为 React Native 的跨语言访问是一个异步的过程，所以当 JavaScript 端调用原生 Android 的方法时需要用到回调函数。

接下来，需要向 React Native 注册自定义的插件。在本例中，首先，应打开原生 Android 项目下的 RNAlipayPackage 类，然后在 createNativeModules 方法中进行注册，如下所示。

```
public class RNAlipayPackage implements ReactPackage {

    @Override
    public List<NativeModule> createNativeModules(ReactApplicationContext
reactContext) {
       return Arrays.<NativeModule>asList(
    new RNAlipayModule(reactContext)    //注册插件
```

```
    );
      }

      ... //省略其他代码
}
```

最后，我们使用 VS Code 打开插件工程，然后在插件的 index.js 文件中导出支付插件，导出该插件需要用到 React Native 提供的 NativeModules 组件，如下所示。

```
import { NativeModules } from 'react-native';

const { RNAlipay } = NativeModules;
export default RNAlipay;
```

其中，NativeModules 是 React Native 提供的用于和原生平台通信的组件，而 RNAlipay 则对应的是 Android 平台 RNAlipayModule 类中的 getName 方法返回的字符串。

4.2.3 iOS 平台集成

在 4.2.1 小节中说过，对 React Native 插件的开发其实就是对原生 Android、iOS 平台提供的功能的封装，并提供统一的对外方法。因此，在介绍了对原生 Android 平台功能的封装后，接下来将介绍如何封装原生 iOS 的功能。

首先，到支付宝官网下载最新版本的 iOS 的 AlipaySDK，然后解压压缩包，得到 AlipaySDK.bundle 和 AlipaySDK.framework 两个文件。

接着，将解压得到的 AlipaySDK.bundle 和 AlipaySDK.framework 两个文件复制到 React Native 插件工程的 iOS 文件夹下。使用 Xcode 打开插件的 iOS 项目，然后在项目上右击并选择快捷菜单中的【Add Files To】选项导入文件，如图 4-12 所示。

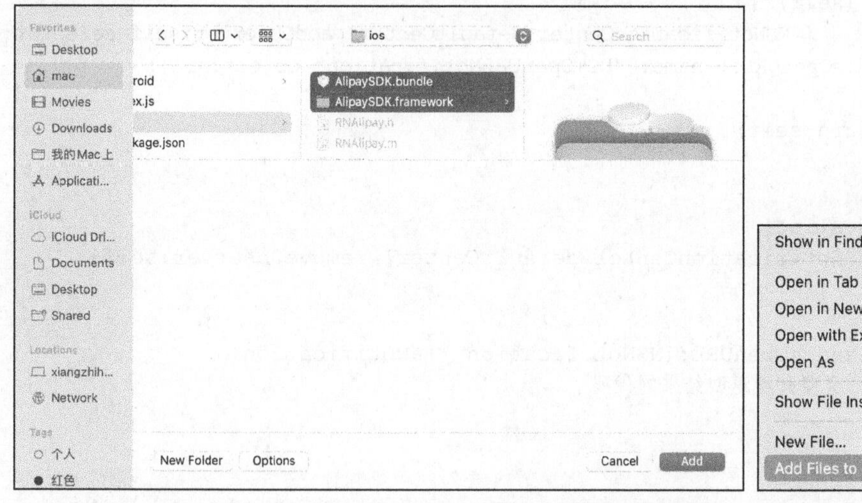

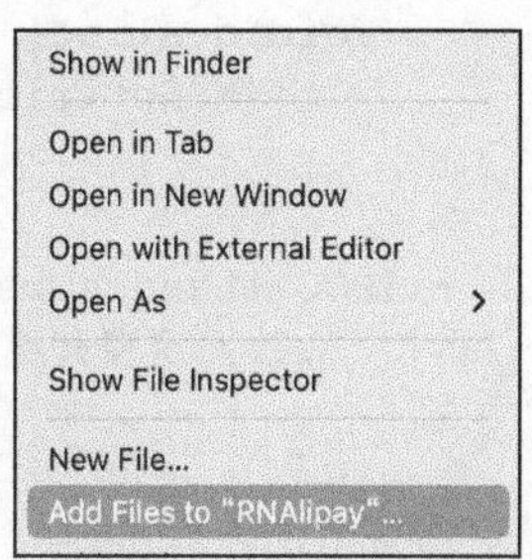

图 4-12 导入 AlipaySDK 到 iOS 项目

接下来，需要将 AlipaySDK 添加到 iOS 的环境依赖中。添加的步骤如下：选中项目名，然后依次选择【TARGETS】→【Build Phases】→【Link Binary With Libraries】就可以将 AlipaySDK.framework 添加到环境依赖中。当然，我们也可以直接将 AlipaySDK.framework

拖入【Link Binary With Libraries】选项中完成添加。

接下来，打开 RNAlipay.h 文件，在其中添加如下代码。

```
#import <React/RCTBridgeModule.h>
#import <React/RCTLog.h>
#import <Foundation/Foundation.h>

   @interface AlipayModule:NSObject <RCTBridgeModule>

@end
```

接着，打开 RNAlipay.m 文件，在该文件中添加可实现 JavaScript 所需的一些功能的代码，使用 iOS 的宏定义 RCT_EXPORT_METHOD 进行标识，代码如下。

```
#import "RNAlipay.h"
#import <AlipaySDK/AlipaySDK.h>
#import <Foundation/Foundation.h>

@interface RNAlipay ()
@property (nonatomic, copy) RCTPromiseResolveBlock payOrderResolve;
@end

@implementation RNAlipay{
   NSString *alipayScheme;
}

RCT_EXPORT_MODULE()

- (instancetype)init{
      self = [super init];
      if (self) {
            [[NSNotificationCenter defaultCenter] addObserver:self selector:
@selector(handleOpenURL:) name:@"RCTOpenURLNotification" object:nil];
      }
      return self;
}

- (void)dealloc{
      [[NSNotificationCenter defaultCenter] removeObserver:self];
}

- (BOOL)handleOpenURL:(NSNotification *)aNotification{
     ...//省略处理返回结果的代码
}

//应用注册 Scheme
RCT_EXPORT_METHOD(setAlipayScheme:(NSString *)scheme) {
    alipayScheme = scheme;
}

RCT_EXPORT_METHOD(pay:(NSString *)info resolver:(RCTPromiseResolveBlock)
resolve rejecter:(RCTPromiseRejectBlock)reject) {
```

```
        self.payOrderResolve = resolve;
        [AlipaySDK.defaultService payOrder:info fromScheme:alipayScheme
callback:^(NSDictionary *resultDic) {
            resolve(resultDic);
        }];
    }

      ... //省略其他代码

    + (BOOL)requiresMainQueueSetup{
        return YES;
    }
    @end
```

到此，原生 iOS 部分的代码也开发完成了。最后，只需要使用 React Native 提供的 NativeModules 即可实现 JavaScript 对原生平台方法的调用。

可以看到，由于使用 JavaScript 最终调用的是原生平台的方法，所以在开发插件的时候，原生 Android 和 iOS 两端对应的插件的名称和方法名都需要统一。

4.2.4 发布插件

作为全世界最流行的 JavaScript 包管理工具之一，npm 管理着数以万计的插件包，并且它还是 Node 默认的包管理工具。通过 npm 包管理工具，开发者可以很方便地安装和升级插件，同时也可以将自己开发的插件通过 npm 共享给其他开发者。也正是因为广大开发者的无私奉献，JavaScript 社区才会如此繁荣。

如果我们想要将自己开发的插件发布到 npm 仓库，但是还没有 npm 账号，可以先去官网注册一个，如图 4-13 所示。

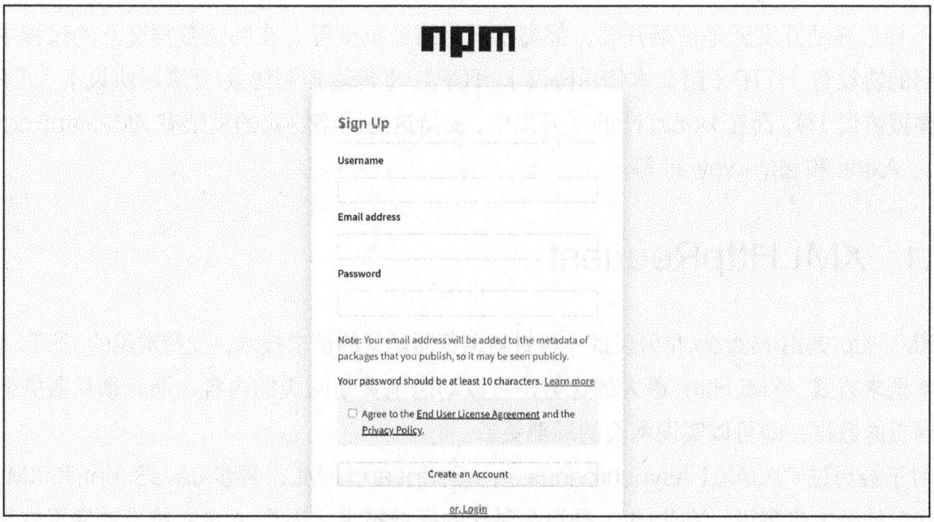

图 4-13 注册 npm 账号

然后，打开 React Native 插件项目的 package.json 文件，添加如下必要的配置信息。

```
{
  "name":"react-native-alipay",
  "version":"1.0.0",
  "description":"",
  "main":"index.js",
  "keywords":[
    "react-native"
  ],
  "author":"",
  "license":"",
  "peerDependencies":{
    "react-native":"^0.66.4"
  }
}
```

接下来，我们使用 npm config get registry 命令查看当前可用的 npm 的源，然后执行 npm adduser 注册并登录这个源。如果已经在官网注册过，也可以使用 npm login 命令进行登录。登录成功之后，在插件的根目录下执行 npm publish 命令即可发布插件。以上涉及的主要命令如下。

```
npm adduser        //注册并登录npm
npm login          //登录已有账号
npm publish        //发布插件
```

默认情况下，插件会发布到 npm 官方的默认仓库，如果需要发布到指定的仓库，也可以在发布插件的时候指定仓库名称。

```
npm publish --registry http://registry.npmjs.org/
```

4.3 网络请求

不管是移动开发还是前端开发，都离不开网络数据交互。在网络数据交互的过程中，需要用到的协议有 HTTP（超文本传送协议）、TCP/IP（传输控制协议/互联网协议）、UDP（用户数据报协议）等。而在 React Native 开发中，支持这些网络协议的框架有 XMLHttpRequest、Fetch、Axios 和 async/await 等。

4.3.1 XMLHttpRequest

XMLHttp 是由 Microsoft 开发的一种针对浏览器场景的请求技术，支持常见的 GET、POST 等基本请求方式。XMLHttp 最大的优势是可以动态地更新网页的内容，而无须从服务器下载整个网页的数据，即可以实现网页的局部更新。

对于经历过“AJAX（Asynchronous JavaScript and XML，异步 JavaScript 和 XML）技术时代”的开发者来说，XMLHttp 是那个时代的标准技术，因为 AJAX 技术的底层就是使用 XMLHttp 技术来完成与服务器的数据交互的。事实上，为了实现浏览器与服务器的数据交互，XMLHttp 还专门提供了一组 API 函数集，而 XMLHttpRequest 就是其中最常用的一个。

通过 XMLHttpRequest 提供的网络请求技术，开发者可以很容易地获取接口返回的数据。并且，除了支持 XML 数据格式外，XMLHttpRequest 还支持 JSON 和文本等返回数据格式。目前，几乎所有的浏览器都支持 XMLHttpRequest。

和其他的网络请求技术一样，使用 XMLHttpRequest 之前需要初始化一个 XMLHttpRequest 实例对象，如下所示。

```
var xml http=new XMLHttpRequest();
```

如果是旧版本的 Internet Explorer(IE5 和 IE6), 则需要使用 ActiveX 才能创建 XMLHttpRequest 实例对象，如下所示。

```
xmlhttp=new ActiveXObject("Microsoft.XMLHTTP");
```

下面是使用 XMLHttpRequest 实例对象从服务器取回数据的例子，代码如下。

```
<script type="text/javascript">
var xmlhttp;
function loadXMLDoc(url){
xmlhttp=null;
if (window.XMLHttpRequest){
      xmlhttp=new XMLHttpRequest();
   }else if (window.ActiveXObject){
      xmlhttp=new ActiveXObject("Microsoft.XMLHTTP");
   }
if (xmlhttp!=null){
      xmlhttp.onreadystatechange=stateChange;
      xmlhttp.open("GET",url,true);
      xmlhttp.send(null);
   }else{
      alert("Your browser does not support XMLHTTP.");
   }
}

function stateChange(){
if (xmlhttp.readyState==4){                    // 4 = "loaded"
   if (xmlhttp.status==200) {                  // 200 = OK
      //处理成功逻辑
   }else{
     //处理失败逻辑
     alert("Problem retrieving XML data");
   }
  }
}
</script>
```

在上面的代码中，onreadystatechange 其实就是一个事件句柄，它的值决定了 stateChange 函数的运行结果。当我们使用 XMLHttpRequest 执行数据请求时，一旦数据发生改变就会自动触发此函数。

具体来说，当 XMLHttpRequest 对象被创建时，readyState 的默认值是 0，当浏览器接收到服务器的响应后，readyState 的值会变为 4，表示 HTTP 请求已经被服务器响应。运行前面的示例代码，结果如图 4-14 所示。

同时，XMLHttpRequest 通过处理对象事件来处理数据的返回结果。为了便于开发者使用 XMLHttpRequest 对象进行网络处理，XMLHttpRequest 还提供了如下一些常用的方法。

- abort：取消请求响应，此时属性 readyState 的值会变为 0。
- getAllResponseHeaders：返回响应请求的头信息，如果服务器无响应则返回 null。
- getResponseHeader：返回响应的头信息。
- open：初始化 HTTP 请求，需要传入请求的类型、服务器地址和是否同步，此方法只初始化请求，并不执行请求的发送。
- send：向服务器发送请求。
- overrideMimeType：重写由服务器返回的 MIME 类型的数据。

Using the HttpRequest Object

Status: 200

Status text:

Response:
George John Reminder Don't forget the meeting!

Get XML

图 4-14 使用 XMLHttpRequest 进行 HTTP 请求

作为 AJAX 技术的核心组成部分，XMLHttp 最大的优势就是可以动态地更新网页内容，极大地改善了用户体验，在 AJAX 技术时代奉献着自己的光和热。不过，随着前端工程的日益复杂化，AJAX 技术越来越无法胜任大型项目中的工程化工作，特别是异步回调工作，因此逐渐被 Fetch 和 async/await 等轻量级框架所替代。

4.3.2 Fetch

在 Fetch 出现之前，前端的数据交互基本上都是使用 XMLHttpRequest 来实现的。不过，XMLHttpRequest 是通过处理对象事件来处理返回数据的，具体配置和调用显得非常混乱，并不符合前端工程化的分离思想，而 Fetch 是一种轻量级的、用来简化异步获取资源过程的网络框架。

事实上，Fetch 请求的底层使用 Promise 方式来处理网络请求，而 Promise 是 JavaScript 异步编程的一种高效的解决方案，比传统的回调函数方式更合理、更强大，可以有效解决多层级链式调用混乱的问题。目前，几乎所有的浏览器都支持 Fetch 请求，如图 4-15 所示。

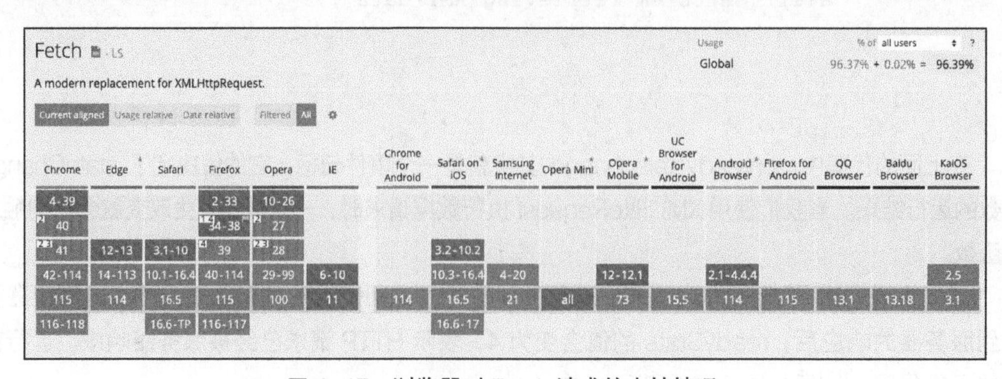

图 4-15 浏览器对 Fetch 请求的支持情况

作为浏览器内置的API，我们可以通过顶层对象window来获取Fetch对象。并且，Fetch提供了对网络请求和响应对象的通用定义，这也从侧面反映了服务器对Fetch请求的支持。

同时，Fetch提供了更加强大且灵活的语法功能集，可以帮助开发者快速地实现网络数据交互，而开发者只需要专注具体的业务逻辑。例如，使用Fetch实现基本的GET请求。

```
fetch(url).then(response => response.json())
  .then(data => console.log(data))
  .catch(e => console.log("error", e))
```

执行Fetch请求时必须传入一个请求路径参数和一个可选的Request对象，且无论请求成功与否，Fetch请求都返回一个Promise对象。

在上面的代码中，Fetch请求返回的是一个response对象。我们使用response.json方法处理返回的内容，即将response对象的内容转化成JSON格式的内容。如果请求出现异常，则会触发catch语句。

对于上面的逻辑，我们也可以使用await命令进行改写，如下所示。

```
async function getJSON() {
  let url = '';
  try {
     let response = await fetch(url);
     return await response.json();
  } catch (error) {
     console.log('Request Error', error);
  }
}
```

可以看到，相比使用XMLHttpRequest，使用Fetch请求只需要编写很少的代码就可以实现网络请求。具体来说，只需要传入一个请求路径参数和一个可选的Request对象，然后使用then回调函数就可以获取服务器的返回数据，语法格式如下。

```
let result= fetch(url, [options])
```

其中，url参数是必需的，options表示可选的Request对象参数，比如请求方式、请求头信息等，如下所示。

```
fetch(url, {
   method:"GET",                              //请求方式
   headers:{                                  //请求头信息
     "Content-Type":"text/plain;charset=UTF-8"
   },
   body:undefined,                            //请求内容主体
   referrer:"about:client",                   //设置请求的 referrer 标头
   referrerPolicy:"no-referrer-when-downgrade",
   mode:"cors",                               //设置请求的模式
   credentials:"same-origin",                 //是否发送 Cookie（小型文本文件）
   cache:"default",                           //处理缓冲的方式
   redirect:"follow",                         //处理 HTTP 跳转
   integrity:"",
   keepalive:false,                           //后台是否保持连接
   signal:undefined
});
```

事实上，作为目前前端主流的网络请求框架，Fetch支持几乎所有的HTTP网络请求类型，

如 GET、POST、CONNECT、PUT 和 DELETE 等。例如，下面的示例使用 HTTP 的 PUT 请求类型实现文件上传。

```
var formData = new FormData();
var fileField = document.querySelector("input[type='file']");

formData.append('username', 'zhangsan');
formData.append('avatar', fileField.files[0]);

fetch(url, {
   method:'PUT',
   body:formData
})
.then(response => response.json())
.catch(error => console.error('Error:', error))
.then(response => console.log('Success:', response));
```

作为 XMLHttpRequest 的替换方案，Fetch 语法简洁、语义清晰，为前端大型项目的工程化带来了不少改变。不过，Fetch 目前也还有很多的不足，如不支持取消请求操作，因此，在有取消请求的场景下可以使用 Axios 框架。

4.3.3 async/await

众所周知，JavaScript 语言的执行环境是单线程的。如果要在 JavaScript 环境中进行异步操作，通常可以采用的方式有 4 种，分别是回调函数、事件监听、发布/订阅和使用 Promise 对象，不过这些方式对于开发者来说并不是很友好。为了简化异步操作的流程，ES7 引入了 async 异步函数，也让 JavaScript 在执行异步操作时有了更加完美的解决方案。

作为 Generator 函数的语法糖，async/await 在使用上比 Generator 函数更加方便，并且带来了如下 4 点改进。

- 内置执行器：Generator 函数必须靠 next()方法才能执行每一次的模块，而 async 则是自带执行器，且调用方式与普通函数的调用方式一样。
- 更好的语义支持：相比于 Generator 函数的*和 yield，async 和 await 操作更加语义化。
- 返回值：async 函数的返回值是 Promise 对象，可以使用 then 方法指定下一步的操作，比 Generator 函数返回的 iterator 更加方便。
- 更广的适用性：Generator 函数的 yield 命令后面只能使用 thunk 或者 Promise 对象，而 async 函数的 await 命令后面则可以是 Promise 对象和原始类型的值。

async/await 异步函数的 async 的主要作用是用于声明方法是异步的；await 则用于等待异步方法的执行完成，由于 await 会阻塞整个流程，因此需要谨慎使用，并且，await 关键字只能在 async 函数中使用。具体示例如下。

```
function doSomething() {
     return "Hello Word";
}

async function getAsync() {
```

```
        return Promise.resolve("hello async");
    }

    async function test() {
        const t1= await doSomething ();
        const t2= await getAsync();
        console.log(t1, t2);   //Hello Word hello async
    }
```

众所周知，Promise 操作通常会返回两个状态，分别为成功和失败，而 await 只会等待一个结果。如果发生错误，就需要使用 try-catch 来处理异常，如下所示。

```
    async function myPromise() {
      try {
         await Promise.reject('1');
      } catch (err) {
         console.log(err);      //输出 1
      }
    }
```

所以，作为一种异步解决方案，使用 async/await 时应遵循以下几点。

- async 函数在执行后会自动返回一个 Promise 对象。
- await 必须在 async 函数里使用，不能单独使用。
- 对于 async 函数可能出现的异常情况，需要使用 try-catch 语句进行处理。

4.3.4 Axios

在前端项目开发中，能够实现网络请求的方式有很多，如 XMLHttp、AJAX、Fetch 和 Axios 等。不过，随着前端技术的发展，XMLHttp 和 AJAX 基本已被开发者放弃，现在能够在项目中见到的基本上就是 Axios 和 Fetch。

事实上，Axios 也是一种基于 Promise 的网络请求库，可以运行在浏览器客户端和 Node.js 服务端中。需要说明的是，Axios 是对 XMLHttpRequest 的高度抽象，而 Fetch 是一种新的获取资源的方式，本身与 XMLHttpRequest 没有任何关系。Axios 与 Fetch 最大的不同点在于：Fetch 是浏览器原生支持的，不需要额外安装；而 Axios 是独立的，使用前需要引入 Axios 库。

同时，Axios 库提供了很多实用的特性，如支持自定义拦截器、取消请求、并发请求、自动转换 JSON 格式、客户端防御 XSRF（Cross-Site Request Forgery，跨站请求伪造）等。由于 Axios 不是系统默认集成的，所以在使用 Axios 之前需要先在项目中安装 Axios 库，安装的命令如下。

```
    yarn add react-native-axios --save
```

作为一个优秀的前端网络请求库，Axios 支持 HTTP 的几乎所有网络请求类型，如 GET、POST、DELET 和 PUT 等。

例如，下面分别使用 Axios 提供的 axios.get 方法和 axios(config { ... })执行 GET 请求。

```
    axios.get('http://example.com/', {
       params:{
         id:xxx
```

```
      }
   }).then(function (response) {
      console.log(response);
   })

  axios({
    method:'GET',
    url:'http://example.com/',
    params:{
      id:xxx,
    }
  }).then(function (response) {
       console.log(response);
  });
```

当然，Axios 也支持在请求时设置 Header 参数和超时等内容，且返回的结果会自动转换为 JSON 格式，如下所示。

```
   const options = {
     url:"http://example.com/",
     method:"POST",
  timeout:3000,
     headers:{
       Accept:"application/json",
       "Content-Type":"application/json;charset=UTF-8",
     },
     param:{
       id:xxx,
     },
   };

   axios(options).then((response) => {
     console.log(response.status);  //自动转换为 JSON 格式
   });
```

不过，Axios 最大的特点是它提供了拦截器，便于开发者对请求或响应进行统一的处理。拦截器的作用有很多，如支持在请求时附加 token，在请求中增加时间戳防止使用缓存，以及拦截响应结果。

下面举个例子说明拦截器最常见的使用场景，即当服务器返回的状态码不符合预期时直接跳转登录页面。

```
  axios.interceptors.request.use((config) => {
     //在请求之前对请求参数进行处理
     return config;
  });

  axios.get("http://example.com/").then((response) => {
     console.log(response.data);
  });
```

由于 Fetch 没有提供拦截器，实现同样的需求可能就要麻烦一点，因此可以使用全局 Fetch 方式来实现。除此之外，Axios 还支持在一个页面中同时发起多个请求，不过使用场景并不是很多。

```
axios
  .all([
     axios.get("https://api.github.com/users/a"),
     axios.get("https://api.github.com/users/b"),
  ])
  .then(
     axios.spread((obj1, obj2) => {
       ...
     })
  );
```

总的来说，与 Fetch 相比，除了不具备浏览器的原生支持外，Axios 提供的功能更多，可定制性也更强。

不过，不管是 Fetch 还是 Axios，如果直接使用它们进行网络请求可能会产生大量的冗余代码。所以，在应用开发过程中，特别是大中型项目开发中，需要对 Axios 请求进行二次封装，如下所示。

```
const request = axios.create({
  transformResponse:[
    function (data) {
      return data;
    },
  ],
});

const defaultOptions = {
  url:'',
  userAgent:'',
  authentication:{
    integration:{
       access_token:undefined,
    },
  },
};

class Bizstream {
  init(options) {
     this.configuration = {...defaultOptions, ...options};
     this.base_url = this.configuration.url;
  }

  post(path, params, data, type = ADMIN_TYPE) {
    return this.send(path, 'POST', params, data, type);
  }

  get(path, params, data, type = ADMIN_TYPE) {
    return this.send(path, 'GET', params, data, type);
  }

  send(path, method, params, data, type, headersOption) {
    const url = `${this.base_url}${this.root_path}${path}`;
```

```
    const headers = {
      'User-Agent':this.configuration.userAgent,
      'Content-Type':'application/json',
      ...headersOption,
    };

    return new Promise((resolve, reject) => {
      request({url, method, headers, params, data}).then(response => {
        ... //处理返回结果
      });
    });
  }
}
export const bizStream = new Bizstream();
```

由于我们对一些公共的参数进行了统一的配置，所以当我们使用封装好的代码执行网络请求时就要方便许多，只需要传入一些必需的参数就可以得到结果，如下所示。

```
//GET 请求
const hotMovie='';
const data = await apiRequest.get(hotMovie);

//POST 请求
let baseUrl = '';
let param = {
     pageNumber:0,
     cityCd:31,
 };

const data = await apiRequest.post(baseUrl, param);
```

4.4 本章小结

不管是哪种技术框架，社区的活跃度都在一定程度上体现了技术受欢迎的程度。React Native 之所以能够被广大的开发者所使用，也是因为它的社区活跃度很高，大家愿意分享自己的开发经验。

本章主题是“React Native 开发进阶”，主要围绕常用插件、插件开发和网络请求部分进行讲解。到本章为止，React Native 所涉及的基础知识就介绍完毕了，接下来需要做的就是通过项目开发实战积累开发经验。

习题

一、选择题

1. 下面不是 react-navigation 插件提供的组件的是（　　）。

A. Tab.Navigator　　　　B. Stack.Navigator

C. Stack.Screen D. Drawer.Navigator

2. Redux 状态管理框架由以下哪几部分组成（ ）。【多选】

A. Action B. Store C. Reducers D. Provider

3. 可以在 React Native 中使用的网络请求技术有哪些（ ）。【多选】

A. XMLHttpRequest B. Fetch

C. Promise D. Axios

4. 下面不是 Fetch 请求特点的是（ ）。【多选】

A. Fetch 请求是基于 Promise 的 HTTP 库，支持 Promise 所有的 API

B. Fetch 请求是对原生 JavaSript 的封装，没有使用 XMLHttpRequest 对象

C. Fetch 请求支持自定义响应拦截器

D. Fetch 请求支持并发请求

二、简述题

1. 简述 react-redux 状态管理框架组成及其工作流程。
2. 简述 Fetch 网络请求框架的特点，以及它与 Axios 的区别。
3. 简述插件开发中，插件的原生部分和 JavaScript 部分是如何通信的。

三、实践题

1. 熟练使用 react-navigation 插件提供的几种导航功能。
2. 基于原生 SDK，开发一个 React Native 插件，比如埋点插件。

第5章 实战影城应用之项目搭建

5.1 项目分析

随着中国电影市场的日渐繁荣和信息技术的发展，O2O（Online to Offline，线上到线下）的电影消费模式逐渐深化，而电影应用在人们的电影消费中也扮演着越来越重要的角色。随着智能手机的逐渐普及，电影应用为用户提供了大量的电影信息和电影资源，人们可以在任何地方随意观看电影。并且，电影消费作为文化消费的重要组成部分，正逐步囊括从在线售票平台到信息发布平台、社交互动平台和信息服务平台等多项平台的服务，电影应用也在随着市场需求的变化逐步调整发展战略。

目前，数字新媒体呈现出网络化、移动化和人性化的发展趋势，在传统的电影消费越来越不能满足人们的消费需求时，电影行业需要加快转型速度，跟上新时代、新技术的发展，因此，越来越多的企业开始尝试互联网时代的新媒体运营模式。随着用户对电影热情的不断增加，电影中各种各样的情节、观看电影时的气氛等因素越来越影响人们的观影体验。而电影应用作为新媒体运营模式的重要组成部分，提供了诸如电影推荐、电影信息、预告片观看、在线投票、影评等一系列的服务，给消费者提供了更多的选择，带来了极佳的观影体验。

对比现在市面上主流的电影应用，可以发现，它们在电影消费方面的流程几乎没有太大的差别，主要以卖票和提供周边服务为主，通常都具有以下一些共同的功能。

- 提供丰富的电影资源，用户可以根据爱好选择自己喜欢的电影。
- 根据用户喜好为用户推荐热门的电影，提高用户观看电影的兴趣，让越来越多的用户喜欢看电影，从电影中获得快乐和感悟等。
- 提供丰富多彩的电影信息，包括文字、图片和视频等，利用各种新的媒体方式满足用户的需求。
- 为用户提供即将上映的电影的预告片及信息，允许用户观看预告片，提前感受即将上映的电影的情节，满足用户的好奇心。
- 支持网上选择影院，网上选择座位并支付预选费。在线购票节约了消费者排队买票的时间，同时在线选座也提高了消费者的观影体验。
- 提供周边服务，并且为了促进网上消费，还会在消费时发放优惠券。
- 影评是消费者对电影的客观评价，也是衡量电影好坏的重要依据，可以帮助其他消费者更合理地进行选择。

当然，作为一个专业的为影城服务的电影应用，除了提供核心的电影消费之外，一个商业型的电影应用还需要提供账号系统和支付功能。除此之外，为了拉动消费、聚拢人气，一些主流的电影应用还会提供各种不同的活动和购物功能。

综上所述，一个典型的影城应用应该具备电影展现、搜索、在线购物和在线试看等基本功能。部分功能模块效果如图 5-1 所示。

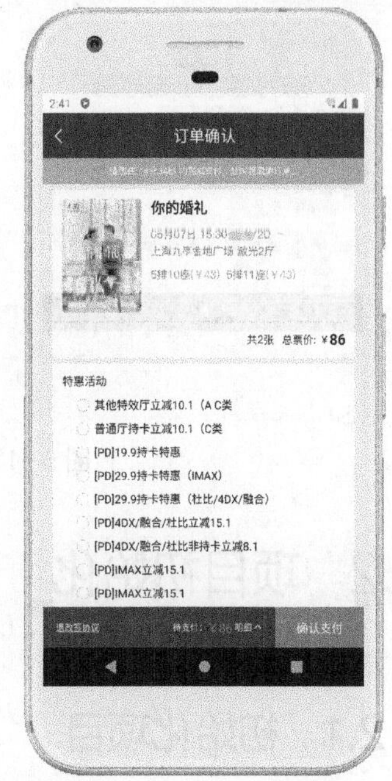

图 5-1 典型影城应用部分功能模块效果

图 5-1　典型影城应用部分功能模块效果（续）

5.2　项目初始化

5.2.1　初始化项目

对于一个没有历史包袱的影城应用，开发者无须考虑混合开发的问题，因为完全可以使用 React Native 技术来从零开始开发。

首先，我们创建一个没有任何功能的 React Native 项目。在 1.4.1 我们曾介绍过，创建项目可以使用命令行和 IDE 两种方式，不过采用 IDE 方式创建项目也是通过 react-native-cli 工具提供的命令来实现的。所以，此处我们直接使用命令行方式来创建 React Native 项目，命令如下。

```
npx react-native init cgv_app
```

执行上面的命令后，系统会使用默认的模板创建项目并自动添加项目所需的依赖。安装依赖可能会比较耗时，需要耐心等待。在项目构建完成后需要启动项目，并保证 Android、iOS 双端都能够正常启动。

需要说明的是，在创建项目的过程中，系统可能会提示 iOS 依赖包无法安装。我们可以检查本地安装的 CocoaPods，然后在项目的 iOS 项目目录下执行 pod install 命令来安装工程所需的依赖。

5.2.2 构建应用主页面

在本示例项目中，影城应用的主页面是由 4 个 Tab 页面构成的，每个页面都表示不同的属性模块。在 React Native 开发中，实现 Tab 导航与切换需要使用 react-navigation 插件。

除了支持 Tab 导航外，react-navigation 还支持 Drawer 和 Stack 导航。并且，在最新的版本中，Tab 导航、Drawer 导航和 Stack 导航所依赖的库是分开的，需要在开发过程中分别进行安装。所以，在构建项目的主页面前，需要先在项目中安装 Tab 导航需要的 bottom-tabs 插件，命令如下。

```
npm install @react-navigation/bottom-tabs
```

同时，创建 Tab 导航时需要用到 createBottomTabNavigator 方法，它需要传入导航器和路由两个参数，这两个参数分别对应 Tab.Navigator 和 Tab.Screen 两个组件，最后还需要使用 NavigationContainer 组件包裹它们，如下所示。

```
import {createBottomTabNavigator} from '@react-navigation/bottom-tabs';
import {NavigationContainer} from '@react-navigation/native';

const BottomTabs = createBottomTabNavigator();

export default function BottomTabScreen() {
  return (
    <NavigationContainer>
      <BottomTabs.Navigator
        initialRouteName="Home"
        screenOptions={({route}) => ({
          tabBarIcon:({focused}) => {
            let sourceImg;
            if (route.name === 'Home') {
              sourceImg = focused? require('./images/tab_home_p.png')
                :require('./images/tab_home_n.png');
            }
            ...  //省略其他代码
            return (
              <Image source={sourceImg} style={{width:28, height:28}} />
```

```
        ); }}})}
      tabBarOptions={{
        activeTintColor:'tomato',
        inactiveTintColor:'gray',
        style:{
          backgroundColor:'#fff',
        },
      }}>
      <BottomTabs.Screen
        name="Home"
        component={HomeScreen}
        options={{
          tabBarLabel:'电影',
        }}/>

    ... //省略其他代码

      <BottomTabs.Screen
        name="Mine"
        component={MineScreen}
        options={{
          tabBarLabel:'我的',
        }}/>
    </BottomTabs.Navigator>
  </NavigationContainer>
 );
}
```

在上面的代码中，我们使用 Tab.Navigator 组件包裹多个 Tab.Screen 组件来实现基本的 Tab 导航，当点击某个 Tab.Screen 页面图标时会根据 screenOptions 的配置更改选中图标的背景。运行上面的代码，效果如图 5-2 所示。

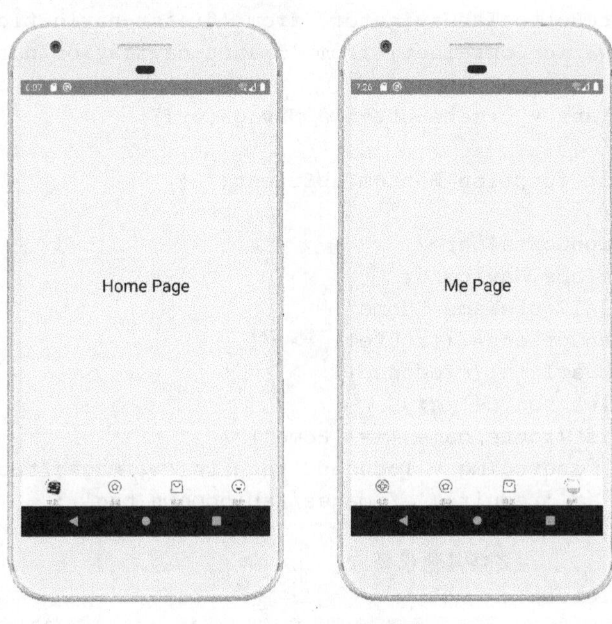

图 5-2 Tab 导航运行效果

同时，bottom-tabs 插件还提供了很多其他有用的组件，使用它们能够实现很多复杂的效果，开发者可以根据项目需要进行合理的选择。

5.2.3 构建路由栈

不管是原生 Android 开发还是 iOS 开发，多个页面之间的跳转都会涉及路由栈的管理，默认情况下，Android 栈管理使用的是 ActivityStackManager，iOS 栈管理使用的是 NavigationController。

由于 React Native 官方没有提供标准的路由组件，所以 React Native 项目的路由管理需要使用 react-navigation 插件的 Stack.Navigator 组件来实现。同时，Stack.Navigator 使用命名路由的方式来管理路由。所谓命名路由，指的是路由需要先声明再使用。

首先，我们在项目的根目录下创建一个 screens/index.js 文件，然后按照下面的格式声明路由。

```
export const stacks = [
  {
    name:'AllMovieScreen',
    component:AllMovieScreen,
    options:{headerShown:false},
  },
  {
    name:'CitySelectScreen',
    component:CitySelectScreen,
    options:{title:'选择城市'},
  },
  ... //省略其他路由页面
];
```

在 index.js 文件中，我们定义了一个路由数组来管理路由，一个路由通常由路由别名 name、路由组件 component 和路由配置 options 这 3 个参数构成。

然后，我们创建一个 MainStackScreen.js 文件，该文件主要用来管理路由的跳转、返回等操作。同时，该文件的另一个作用是统一管理应用的路由，以及配置导航栏的样式，代码如下。

```
const MainStack = createStackNavigator();

function MainStackScreen({navigation}) {
  return (
    <MainStack.Navigator
      initialRouteName="App"
      screenOptions={{
        headerTitleAlign:'center',
        headerStyle:{
          shadowOffset:{width:0, height:0},
          shadowColor:'#E5E5E5',
          backgroundColor:'#fff',
        },
        gestureEnabled:true,
        headerBackTitleVisible:false,
        headerLeft:() => (
          <TouchableOpacity
            onPress={() => navigation.goBack()}
```

```
            style={{padding:10, paddingRight:30}}>
            <Icon name="chevron-thin-left" size={20} color="#222222" />
          </TouchableOpacity>),
      }}>
      <MainStack.Screen
        name="App"
        component={BottomTab}
        options={{headerShown:false}}/>
      {stacks.map((item, index) => (
        <MainStack.Screen
          key={index.toString()}
          name={item.name}
          component={item.component}
          options={item.options}/>
      ))}
    </MainStack.Navigator>
  );
}

export default MainStackScreen;
```

可以看到，我们首先在 screens/index.js 文件中统一声明应用中的路由，然后在 MainStackScreen 类中使用 map 循环的方式完成路由的注册。经过上面的处理后，应用的路由管理逻辑就非常清晰了，当开发了一个新的路由页面时，只需要往 screens/index.js 文件中添加对应的路由。

同时，在应用开发过程中，为了防止出现由于路由跳转而找不到路由的情况，还需要在声明路由时配置一个默认的路由，如下所示。

```
function MainStackScreen({navigation}) {
  return (
    <MainStack.Navigator
      ... //省略其他代码
>
      <RootStack.Screen
         name="ExceptionScreen"
         component={ExceptionScreen}
         options={{title:'环球电影影城'}}/>
</MainStack.Navigator>
  );
}
```

5.2.4 添加矢量图

有经验的前端开发者一定不会对矢量图感到陌生，它是一种全新的图片格式。相比于传统的 JPG 和 PNG 等图片格式，矢量图的灵活性更高，且它所占用的空间也比较小，它允许开发者自定义图标的颜色和大小，国内大名鼎鼎的 iconfont 就是由阿里巴巴体验团队打造的开源矢量图标库。

在 React Native 项目中使用矢量图标需要先集成 react-native-vector-icons 插件，然后使用 link 命令链接原生库，如下所示。

```
yarn add react-native-vector-icons
react-native link react-native-vector-icons
```

经过链接操作后，基本上就可以在项目中使用矢量图标了。不过，对于 0.60 及以下版本，仍然需要手动在原生项目中添加依赖配置。

对于 iOS 平台来说，需要打开 Podfile 文件，然后在其中添加以下依赖脚本。

```
pod 'RNVectorIcons', :path => '../node_modules/react-native-vector-icons'
```

对于 Android 平台来说，首先需要打开 android/settings.gradle 文件，然后在文件中引入 react-native-vector-icons。

```
include ':react-native-vector-icons'
project(':react-native-vector-icons').projectDir = new File(rootProject
.projectDir, '../node_modules/react-native-vector-icons/android')
```

最后，打开 android/app/build.gradle 项目配置文件，在其中添加以下依赖脚本。

```
apply from:"../../node_modules/react-native-vector-icons/fonts.gradle"

project.ext.vectoricons = [
   iconFontNames:[ 'MaterialIcons.ttf', 'EvilIcons.ttf' ]   //矢量图
]

dependencies {
  ... //省略其他依赖
Implementation project(':react-native-vector-icons')
}
```

经过上述操作后，react-native-vector-icons 需要的原生依赖就配置好了。接下来，我们就可以在项目中使用矢量图标了。使用时，先在项目中引入矢量图组件，然后设置组件的名称、大小和颜色即可，如下所示。

```
import Ionicons from 'react-native-vector-icons/Ionicons';

<Ionicons name="ios-arrow-back" size={24} style={{color:'#333'}} />
```

目前，Ionicons 组件一共提供了 5000 多个常用的矢量图标，可以打开 oblador 官网进行查看和选择，如图 5-3 所示。

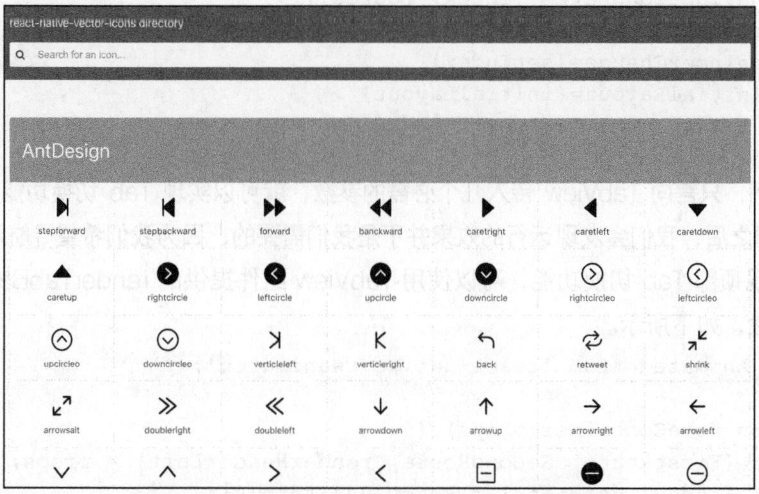

图 5-3 在 oblador 官网查看和选择矢量图标

当然，随着 React Native 对 Web 平台应用支持的开启，我们也可以在 macOS 和 Windows 应用开发中使用 react-native-vector-icons 矢量图插件。

5.3 搭建主框架

对比市面上主流的影城应用可以发现，一个商业化的影城应用，除了必需的电影模块之外，还有其他很多功能模块，如账号模块、支付模块、社交模块和运营模块等。

5.3.1 顶部 Tab 导航

由于官方并没有提供用于实现顶部 Tab 切换功能的组件，因此如果想要实现顶部 Tab 切换功能，最简洁的方式是使用社区提供的第三方插件，比如 react-native-tab-view。

不同于 react-navigation 插件，react-native-tab-view 插件是专门用来实现顶部和底部 Tab 切换的。它提供的 TabView 组件，可以很方便地实现顶部 Tab 切换功能，如下所示。

```
function HomeTabView(props) {
  const {FirstRoute, SecondRoute} = props;
  const [index, setIndex] = React.useState(0);
  const [routes] = React.useState([
    {key:'movie', title:'影片'},
    {key:'cinema', title:'影院'},
  ]);
  const renderScene = SceneMap({
    movie:FirstRoute,
    cinema:SecondRoute,
  });

  return (
    <TabView
      navigationState={{index, routes}}
      renderScene={renderScene}
      onIndexChange={setIndex}
      initialLayout={initialLayout}/>
  );
}
```

可以看到，只需向 TabView 传入几个必需的参数，就可以实现 Tab 切换功能。但是，在运行上面的代码之后，我们会发现运行的效果并不是我们需要的，因为我们希望导航添加在顶部。

为了实现顶部 Tab 切换功能，可以使用 TabView 组件提供的 renderTabBar 参数来自定义顶部导航栏，如下所示。

```
import Animated from 'react-native-reanimated';

function HomeContainer(props) {
  const {FirstRoute, SecondRoute, renderHeaderLeft} = props;
  const [index, setIndex] = React.useState(0);
  const [routes] = React.useState([
```

```
    {key:'movie', title:'影片'},
    {key:'cinema', title:'影院'},
  ]);
  const renderScene = SceneMap({
    movie:FirstRoute,
    cinema:SecondRoute,
  });

  const _renderTabBar = props => {
    const {position} = props;
    const len = props?.navigationState?.routes?.length;
    const NAVWIDTH = width / 3;
    const itemWidth = NAVWIDTH / len;
    const inputRange = props?.navigationState?.routes?.map((x, i) => i);
    const left = Animated.interpolate(position, {
      inputRange,
      outputRange:inputRange.map(inputIndex => inputIndex * itemWidth),
    });

    return (
      <View style={styles.container}>
        <View style={styles.nav}>
          <View style={styles.address}>
            {renderHeaderLeft ? renderHeaderLeft():null}
          </View>
          <View style={styles.tabCon}>
            <View style={{flexDirection:'row', width:NAVWIDTH}}>
              {props?.navigationState?.routes?.map((route, i) => {
                return (
                  <TouchableOpacity
                    key={i}
                    style={[styles.tabItem, {width:itemWidth}]}
                    onPress={() => setIndex(i)}>
                    <Text style={[styles.itemTxt,
                        {color:index === i ? '#FC5869':'#777'},
                      ]}>
                      {route.title}
                    </Text>
                  </TouchableOpacity>
                );
              })}
              <Animated.View
                style={[styles.itemAnim, {left, width:itemWidth}]}>
                <View style={styles.itemInd} />
              </Animated.View>
            </View>
          </View>
        </View>
      </View>
    );
  };
```

```
    return (
      <TabView
        renderTabBar={props => _renderTabBar(props)}
        navigationState={{index, routes}}
        renderScene={renderScene}
        onIndexChange={setIndex}
        initialLayout={initialLayout}/>
    );
  }
```

我们并没有在renderTabBar方法中直接使用TabBar组件，之所以这么做，是因为TabBar组件对于指示器的支持并不是很好。

接下来，只需要按照自定义组件时预留的参数要求传入FirstRoute和SecondRoute，如下所示。

```
<HomeContainer
  FirstRoute={MovieScreen}
  SecondRoute={CinemaScreen} />
```

重新运行上面的代码，运行效果如图5-4所示。

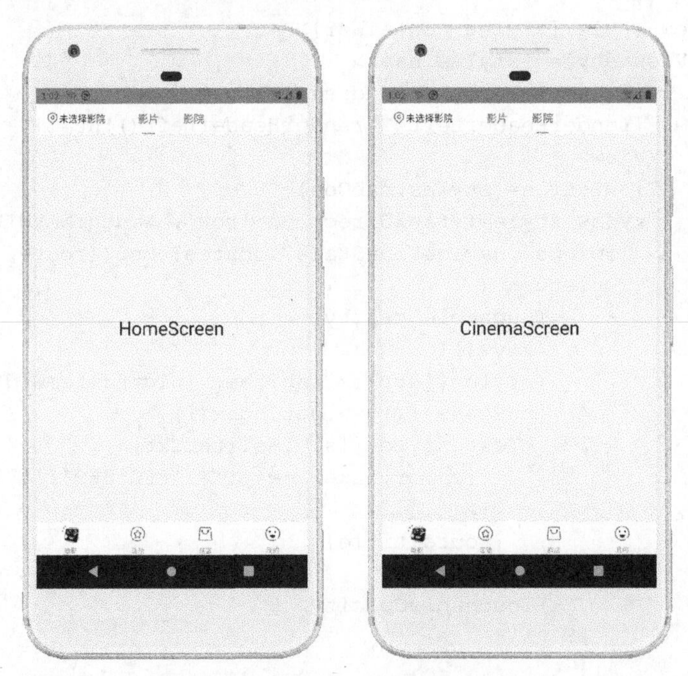

图5-4 自定义顶部Tab导航运行效果

5.3.2 首页广告接入

不管是传统的“浏览器时代”还是当前的“移动互联网时代”，广告都是商户运营的重要手段，能带来用户流量和消费。这两个时代的广告的不同之处在于，前者强调的是曝光，带来的收益往往很小；而后者则强调的是精准营销，能带来不错的收益转化率，并且，当应用的装机量很大的时候，带来的收益是相当可观的。

在移动应用中，广告存在的形式可以说是多种多样的，常见类型有开屏广告、活动广告和推送广告等。其中，最常见的是活动广告，它一般会出现在应用的启动页或者应用主页面的顶部。

作为一个通用的业务组件，广告组件需要具备根据业务配置跳转不同页面的能力，所以广告组件的数据结构如下所示。

```
{
  "data":[
  {
    "id":2083,
    "advertImg":"/img/CGV_CMS_1646268406392.jpg",
    "advertImgLinkurl":"ActiveDetails%7C%7C1700",
  }
  ...
],
  "code":200,
  "message":"OK"
}
```

同时，由于广告的使用场景较多，所以为了方便代码的复用，我们需要将其封装成一个独立的广告组件。并且，由于此广告组件主要针对的是横屏广告，因此需要提供左右滑动切换的能力，即需要使用 react-native-swiper 插件提供的 Swiper 组件，如下所示。

```
const HomeBanner = ({list}) => {
  const Banner = ({item, height, style, onPress}) => {
    let baseUrl = 'https://prd-api.cgv.com.cn/api';
    return (
      <TouchableOpacity onPress={onPress}>
        <Image
          source={{uri:baseUrl + item?.advertImg}}
          resizeMode="cover"/>
      </TouchableOpacity>
    );
  };

  const onPressBanner = (linkObjectInfo = '') => {};

  return (
    <View style={{height:width * 0.35}}>
      <Swiper
        height={width * 0.35}
        dotStyle={styles.dotStyle}
        activeDotStyle={styles.activeDotStyle}
        {list.map((item, index) =>
          index > 2 ? null:(
            <Banner
              item={item}
              height={width * 0.35}
              style={styles.bannerStyle}
              onPress={() => onPressBanner(item.advertImgLinkurl)} />
```

```
         ))}
      </Swiper>
    </View>
  );
};
export default HomeBanner;
```

经过上面的处理后，一个标准的横屏广告组件就封装完成了。在具体使用的时候，只需要从服务器接口中获取广告数据，然后传递给广告组件即可。运行上面的代码，效果如图5-5所示。

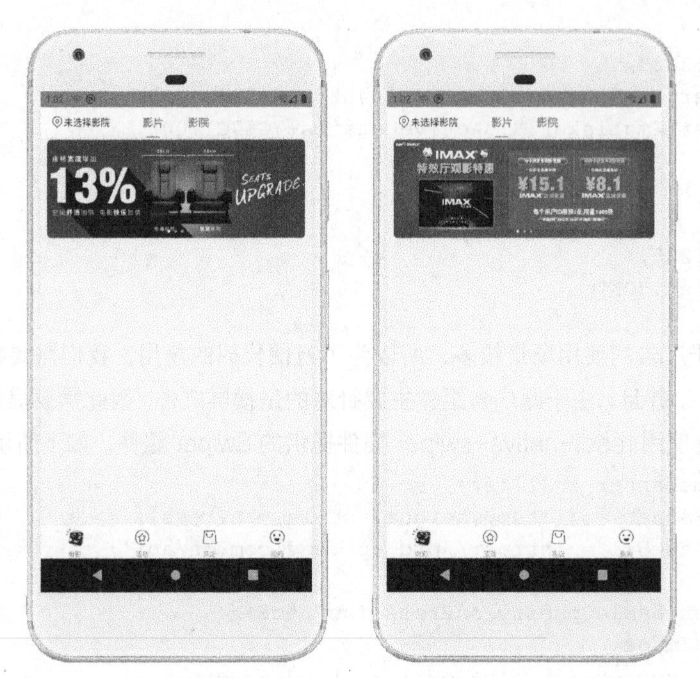

图5-5 广告接入效果

5.3.3 在售影片列表

通常情况下，用户打开影城应用后看见的第一个核心页面就是影城首页，因此，首页在整个应用中占据着举足轻重的地位，并且首页所展示的内容一定是很重要的内容，通常由一些推荐的影片、二级模块入口和推广活动组成。

在本示例中，影城首页主要由影片和影院两个子模块构成，使用顶部 Tab 的方式进行子模块切换。影片模块主要由广告位、在售影片、即映影片等构成，如图5-6所示。

可以看到，首页的在售影片和即映影片使用的是横向排列的方式，当展示内容的宽度超过屏幕的宽度时还支持横向滑动以查看内容。要实现这种效果，我们需要将 FlatList 组件的排布方式改为水平，即将 horizontal 属性设置为 true。

同时，在售影片和即映影片的展示效果是一致的，所以我们可以将在售影片、即映影片封装成一个单独的业务组件，以方便代码的复用和维护，代码如下。

图 5-6 影城首页影片模块

```
const HotMovieContainer = ({hotMovies, onViewAll, onItemPress, onGotoBuy}) => {
  const {datas = [], pages = 1, total = 0} = hotMovies;

  const renderHotMovieItem = ({item, index}) => {
    ... //省略 Item 代码
  };

  return datas.length > 0 ? (
    <View>
      <View style={styles.title}>
        <Text style={styles.titleStyle}>在售影片</Text>
        <TouchableOpacity
          activeOpacity={0.7}
          onPress={() => onViewAll()}>
          <View>
            <Text>全部影片</Text>
          </View>
          <Icon name="chevron-thin-right" size={16} color="#ccc" />
        </TouchableOpacity>
      </View>
      <FlatList
        data={datas}
        keyExtractor={(item, index) => index.toString()}
        renderItem={renderHotMovieItem}
        horizontal={true}
        showsHorizontalScrollIndicator={false}/>
    </View>
  ):null;
};
```

```
const styles = StyleSheet.create({
  ... //省略样式代码
});

export default HotMovieContainer;
```

完成组件的封装后，只需要在首页引入 HotMovieContainer 组件，然后传入获取的影片列表数据即可，如下所示。

```
function MovieScreen() {
  const [soonData, setSoonData] = useState([]);

  async function getSoonMovies() {
    let baseUrl = 'https://prd-api.cgv.com.cn/product/movie/list-soon';
    let param = {};
    const data = await apiRequest.post(baseUrl, param);
    setSoonData(data || []);
  }

  useEffect(() => {
    getSoonMovies();
  }, []);

  return (
    <ScrollView style={styles.contain}>
      <SoonMovieContainer soonMovies={soonData} />
    </ScrollView>
  );
}
export default MovieScreen;
```

可以看到，在本示例应用的开发中，使用了大量自定义组件，目的是方便代码的复用和维护，降低代码的开发成本。

5.3.4 全部影片列表

对比市面上主流的影城应用可以发现，由于版面的限制，本应用首页能够展示的内容并不多，主要包括一些重要的模块和入口，而一些更具体的内容则留到二级页面进行展示。

由于首页展示的在售影片和即映影片的内容有限，所以在设计产品时，会提供一个查看在售影片、即映影片的全部数据的二级页面，在该页面中数据以纵向列表的形式展示出来，并且支持分页加载逻辑，如图 5-7 所示。

不过需要注意的是，二级页面中，在售影片和即映影片列表页面还是有细微差别的，二者的差别在于即映影片列表有分组效果。基于此，在售影片列表使用 FlatList 组件开发，而即映影片列表则需要使用 SectionList 组件开发。

同时，在本示例影城应用中，在售影片列表和即映影片列表子元素的样式基本上是一样的，所以我们可以将子元素单独封装成一个小组件，然后在列表组件中引入这个小组件即可，如下所示。

图 5-7 在售和即映影片列表

```
const AllSellMovieScreen = ({navigation}) => {
  const hotMovies = '';
  const [dataList, setDataList] = React.useState([]);

  useEffect(() => {
    getAllData();
  }, []);

  const getAllData = async () => {
    const res = await apiRequest.get(hotMovies);
    const list = res.datas;
    setDataList(list || []);
  };

  const renderItem = ({item}) => {
    ... //省略绘制列表子元素的代码
  };

  return (
    <View style={{flex:1}}>
      <FlatList
        keyExtractor={(item, index) => index.toString()}
        data={dataList}
        onEndReachedThreshold={0.1}
        ItemSeparatorComponent={() => <ItemSeparator />}
        renderItem={renderItem}/>
    </View>
  );
};
export default AllSellMovieScreen;
```

对于即映影片列表来说，其显示的电影数据是按天进行分组的，因此对于需要分组的场景，需要使用 SectionList 组件，如下所示。

```
const AllSoonMovieScreen = ({navigation}) => {
  const [dataList, setDataList] = React.useState([]);

  useEffect(() => {
    getAllData();
  }, []);

  const getAllData = async () => {
    const movieUrl = ' ';
    const param = {};
    const res = await apiRequest.post(movieUrl, param);
    const list = res.content;
    setDataList(list || []);
  };

  const renderItem = ({item}) => {
    ... //省略绘制列表子元素的代码
};

  return (
    <View style={{flex:1}}>
      <SectionList
        onEndReachedThreshold={0.1}
        keyExtractor={(item, index) => index.toString()}
        sections={dataList}
        renderSectionHeader={({section:{date, week}}) => ()}
        ItemSeparatorComponent={() => <ItemSeparator />}
        stickySectionHeadersEnabled={false}
        renderItem={renderItem}/>
    </View>
  );
};
export default AllSoonMovieScreen;
```

可以看到，借助 SectionList 组件，我们可以很容易地实现分组列表，并且分组列表的标题还支持设置悬浮效果。

5.3.5 城市选择

作为一款 LBS（Location-Based Service，基于位置的服务）的生活服务类应用，位置服务是影城应用的基础，因此城市选择是影城应用必须提供的功能。围绕城市选择功能，影城应用一般还会提供关键字搜索、城市定位和城市列表快速索引等功能，如图 5-8 所示。

可以看到，由于创建城市列表需要提供字母分组功能，所以在具体实现上需要用到 SectionList 组件，而右侧的字母索引列表直接使用 FlatList 组件即可实现。相比于创建城市列表，实现关键字搜索功能就要简单一些，只需要根据输入的内容动态匹配城市列表数据，然后使用 FlatList 组件将结果展示出来。

图 5-8 城市选择与关键字搜索

同时，考虑到代码的可读性和扩展性，我们可以将搜索框、城市列表、搜索列表独立出来，最后在主页面中将它们重新组装起来。创建城市列表的核心代码如下所示。

```
    const CityList = ({onSelectCity, allCityList = [],currentCity, onCurrent
CityPress, position:
        _position,}) => {
          const listViewRef = useRef(null);

          const city =currentCity && currentCity.city? currentCity.city:'定
位失败，请手动选择城市';

          const _cityNameClick = cityJson => {
            onSelectCity(cityJson);
          };

          const getLocation = async () => {
         ... //省略当前定位城市代码
      };

          const CityHeader = props => {
            ... //省略绘制当前城市视图代码
          };

          const _renderListRow = (cityJson, rowId) => {
            ... //省略绘制城市列表视图代码
          };

          const _scrollTo = (index, letter) => {
            //滚动到列表的指定位置
            listViewRef?.current?.scrollToLocation({itemIndex:0, sectionIndex:
index});
```

```
        };

        const _renderRightLetters = (letter, index) => {
          ... //省略列表快速索引代码
        };

        return (
          <View style={styles.container}>
            <SectionList
              getItemLayout={(param, index) => ({
                offset:44 * index,
                index,
              })}
              ListHeaderComponent={
                <CityHeader
                  currentCity={city}
                  onCurrentCityPress={onCurrentCityPress} /> }
              ref={listViewRef}
              sections={allCityList}
              keyExtractor={(item, index) => index.toString()}
              renderItem={_renderListRow}
              ItemSeparatorComponent={() => <ItemSeparatorComponent />}
              renderSectionHeader={({section:{name}}) => (
                <View style={styles.sectionTitle}>
                  <Text style={{fontSize:15}}>{name}</Text>
                </View> )}
              stickySectionHeadersEnabled={true} />
            <View style={styles.letterSpace}>
              {allCityList.map((item, index) =>
                _renderRightLetters(item.name, index))}
            </View>
          </View>
        );
    };
```

在上述代码中，我们使用 SectionList 组件来绘制城市列表视图，因为其中涉及字母分组。同时，为了和左侧的城市列表形成关联，我们在此处并没有直接使用 FlatList 组件，而是依据左边城市列表的分组数据，使用绝对布局的方式来开发字母索引列表。

所以，当点击右侧的某个字母时，左侧的城市列表也会随之滚动，这是因为我们调用了 SectionList 组件的 scrollToLocation 方法来将列表内容滚动到对应位置，代码如下。

```
    const _scrollTo = (index, letter) => {
        listViewRef?.current?.scrollToLocation({itemIndex:0, sectionIndex:
index});
    };

    const _renderRightLetters = (letter, index) => {
        return (
          <TouchableOpacity
            key={`letter_idx_${index}`}
            activeOpacity={0.6}
            onPress={() => {
              _scrollTo(index, letter);
```

```
        }}>
        <View style={styles.letter}>
          <Text>{letter}</Text>
        </View>
      </TouchableOpacity>
    );
  };
```

相比于城市列表来说，实现关键字搜索就要简单许多，因为它只包含一个列表展示功能。在具体实现上，需要通过实时监听 TextInput 组件的输入值，然后依据输入值去匹配城市列表，最后使用 FlatList 组件将结果展示出来即可，代码如下。

```
const SearchResult = ({list, onSelectCity}) => {
  return (
    <View style={{marginTop:10}}>
      {list.map((item, index) => (
        <TouchableOpacity
          activeOpacity={0.7}
          key={index.toString()}
          style={styles.rowView}
          onPress={() => {
            onSelectCity(item); }}>
          <View style={styles.rowdata}>
            <Text type="subheading">{item.CITY_NAME}</Text>
          </View>
        </TouchableOpacity>
      ))}
    </View>
  );
};
```

完成上面组件的开发后，接着在城市列表的主页面中引入搜索框、城市列表和搜索列表，并根据是否处于搜索状态，调用 CityList 组件或者 SearchResult 组件即可，如下所示。

```
const CitySelectScreen = ({route, location = '上海市', navigation}) => {

  useEffect(() => {
    getCities();
  }, []);

  const getCities = async () => {
    ... //获取城市列表数据
  };

  const searchCities = async () => {
   ... //获取搜索数据
  };

  const renderSearchView = () => {
   ... //渲染搜索视图
  };

  //根据是否处于搜索状态，渲染城市列表或者搜索列表
  return (
```

```
        <View style={styles.container}>
          {renderSearchView()}
          <View style={{flex:1}}>
            {(!isFocused && !keyword && keyword.length < 1) || !isFocused ? (
              <CityList
                onCurrentCityPress={onCurrentPress}
                onSelectCity={onSelectCity}
                currentCity={location}
                allCityList={cities}
                currentCityList={currentCityList}/>
            ):(
              <SearchResult list={result} onSelectCity={onSelectCity} />)}
          </View>
        </View>
      );
    };

    export default CitySelectScreen;
```

可以看到，经过上面的封装处理后，网络请求只需要一次，并且拆分功能后，业务逻辑也相对清晰，而这么做是为了方便后期维护代码。

5.3.6 常见接口错误

在网络请求的过程中，有时候会遇到 403 错误。403 错误是一种网络访问过程中常见的错误，表示资源不可用。其具体的含义是，服务器理解客户的请求，但拒绝处理请求，通常表示由于缺乏服务器上的权限而导致的访问错误。

不过，对于 403 错误的具体问题还需要结合实际情况才能解决。在本示例中，请求某个接口时，使用 Fiddler、Charles 可以正常抓取请求的数据包，但是如果直接把请求的链接复制到浏览器中进行网络请求，就会提示 403 错误，如图 5-9 所示。

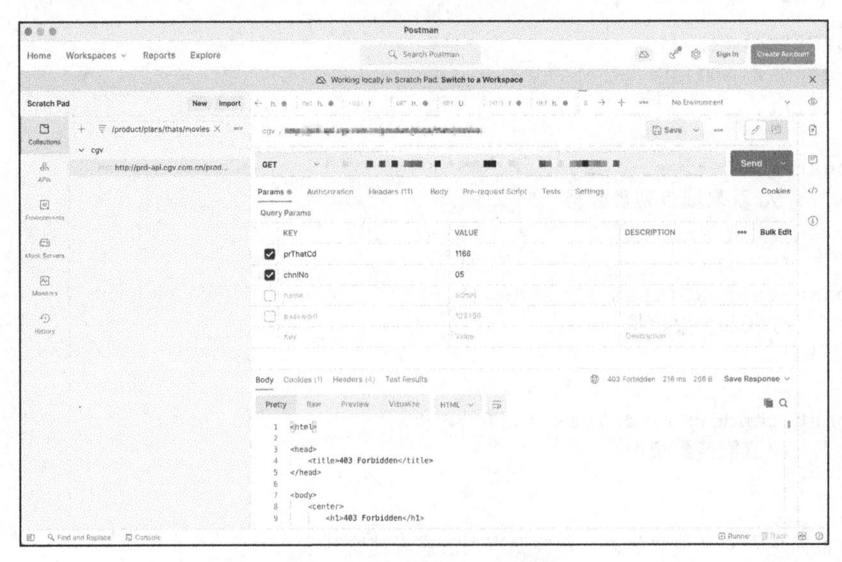

图 5-9 接口提示 403 错误

对于这种典型的 403 错误，常用的解决方法是排查请求的参数，特别是请求头参数。如果想获取完整的请求过程，可以使用 Charles（或 Fiddle）抓包工具辅助分析，如图 5-10 所示。

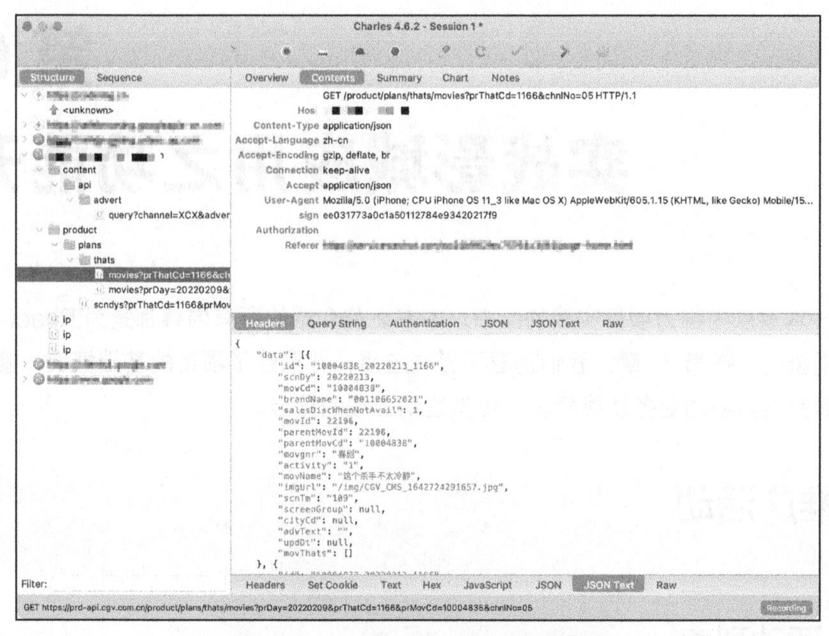

图 5-10 使用 Charles 抓取接口数据

接着，将获取的请求参数复制到 PostMan 等 HTTP 请求工具中，再次模拟请求就可以正常使用了。

5.4 本章小结

作为目前主流的移动跨平台技术方案之一，React Native 以较高的开发效率和良好的用户体验被广大开发者所推崇。对于一些性能要求不太高的应用，完全可以使用 React Native 技术来进行开发。

本书的主题就是 React Native 移动开发实战，围绕这一主题，本章从基础的语法和组件等方面出发，介绍了常用插件和网络请求，并逐个介绍使用 React Native 所需要的知识点，为最终实现项目上线打下坚实的基础。

习题

实践题

1. 根据项目背景，合理地梳理产品需求。
2. 通过对本章知识的学习，搭建一个电商应用的主框架，并实现基础的网络请求。

第 6 章 实战影城应用之功能开发

作为一本重点内容为项目实战的图书，本书之前介绍的所有内容都是为 React Native 项目开发做铺垫的。在第 5 章，我们创建了影城应用，并搭建了项目的基础框架，接下来要做的就是不断完善其中的业务功能模块，使其达到上线的标准。

6.1 推广活动

6.1.1 活动列表

作为一款主打电影消费的影城应用，本示例应用除了提供基本的电影消费功能外，还会提供一些其他类型的消费功能。并且，为了吸引用户在影城应用中进行消费，大多数影城应用一般还会不定时地推出一些活动来提高用户的黏性。

在一些大型的电商类应用中，推广活动大多以广告栏和通知的形式出现。不过由于影城应用中的商品本来就相对匮乏，因此为了突出推广活动的重要性，将其独立成一个主页模块，效果如图 6-1 所示。

图 6-1 主页推广活动列表

可以看到，在本示例影城应用项目中，活动模块其实就是一个简单的列表，并且列表的右上角还提供了一个筛选活动类型的功能。

对于纯展示性的列表来说，我们直接使用 FlatList 组件即可，并且 FlatList 组件还支持下拉刷新和上拉加载操作，正好能够满足我们的开发要求，代码如下。

```
function PromotionScreen() {
  const cinemaName = '上海大宁影院';
  const categoryName = '全部活动';
  const [isLoadingList, setIsLoadingList] = useState(false);
  const [promotionList, setPromotionList] = useState([]);

  useEffect(() => {
    getPromotionData();
  }, []);

  async function getPromotionData() {
    let url = ' /product/api/product/verify/promos';
    let param = {};
    const data = await apiRequest.post(url, param);
    setPromotionList(data || []);
  }

  const showPicker = () => {
    ...
  };

  const gotoDetail = async _item => {
    ...
  };

  const renderItem = ({item}) => (
    <PromotionBanner item={item} onItemClick={() => gotoDetail(item)} />
  );

  return (
    <View>
      <Header title="活动列表" renderLeftView={() => null} />
      <FilterBar title={categoryName} onPress={showPicker} />
      <FlatList
         data={promotionList}
         onRefresh={() => getPromotionData()}
         refreshing={isLoadingList}
         renderItem={renderItem}
         keyExtractor={(item, index) => index.toString()}
         ItemSeparatorComponent={() => <View height={10} />}
         ListFooterComponent={() => (
           <ButtonListFooter
             transparent
             style={styles.bottomBtn}
             content="查看已结束活动"
             onPress={() => {
```

```
                navigate('PromotionExpiredScreen');
              }}/>
          )}
          ListEmptyComponent={
            <Empty title="没有活动列表" style={{marginTop:100}} />
          }/>
      </View>
  );
}

const styles = StyleSheet.create({
  ... //省略样式代码
});

export default PromotionScreen;
```

需要注意的是，使用 FlatList 组件的 onRefresh 属性实现下拉刷新的时候，必须和 refreshing 属性配合使用。

6.1.2 筛选活动类型

我们将活动模块放到了首页中，足见其重要性。不过，由于活动的内容和主题较多，并不利于消费者快速地选择自己喜欢的活动，因此活动类型筛选功能就显得很有必要，如图6-2所示。

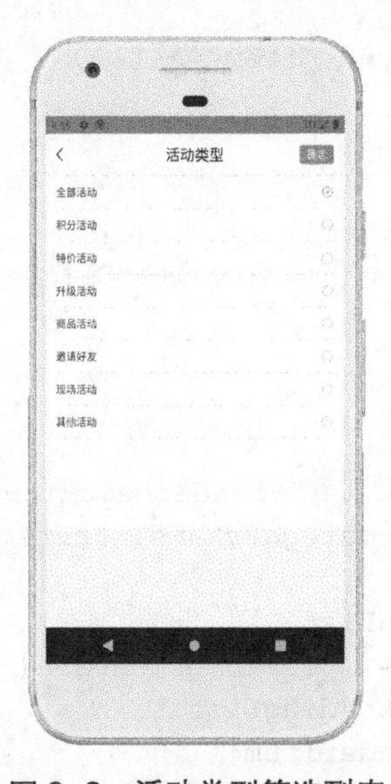

图6-2 活动类型筛选列表

为了实现活动类型筛选功能，我们需要新建一个活动类型筛选页面，然后在这个页面中完成活动的选择。并且，为了保证活动类型筛选页面数据的一致性，活动类型筛选页面的数据必须是由活动列表页面传递过来的。所以，我们在打开活动类型筛选页面的时候，screens/index.js 文件中活动类型筛选页面的注册路由定义应该如下。

```
{
  name:'SelectorScreen',
  component:SelectorScreen,
  options:nav => {
    const {route} = nav;
    const {params = {}} = route;
    const {title = '活动类型', onRightPress = () => {}} = params;
    return {
       title,
       headerRight:() => (
         <TouchableOpacity
            onPress={onRightPress}
            style={styles.button}>
            <Text style={{color:'#fff', fontSize:14}}>确定</Text>
         </TouchableOpacity>
        ),
      };
    },
  }
```

然后，在点击活动列表右上角的筛选按钮时，使用{}的方式将需要传递的数据传递给活动类型筛选页面。

```
navigate('SelectorScreen', {
       values:categories.map(c => c.andGroupName),
       defaultValues:categoryName,
       onConfirm:changeCategory,
    });
```

同时，为了获取活动类型筛选页面选中的值，我们在打开活动类型筛选页面的时候还专门定义了一个 onConfirm 回调函数，目的是当活动类型筛选页面调用 onConfirm 函数的时候，我们可以在活动列表中获取到筛选的活动类型数据。

接下来，我们将接收到的活动类型数据使用 FlatList 组件展示出来即可，如下所示。

```
function SelectorScreen({navigation, route}) {
  const {values = [], defaultValues = [], onConfirm} =route.params || {};
  const [selected, setSelected] = useState(defaultValues);

  const _onRightPress = () => {
    onConfirm(selected);
    navigation.goBack();
  };

  useEffect(() => {
    navigation.setParams({onRightPress:_onRightPress});
  }, [selected]);

  const onPressItem = val => {
    let arr = [];
arr = [val];
setSelected(arr);
  };
```

```
    const renderItem = ({item}) => {
      const renderRight = () => {
      const isSelected = selected.includes(item);
      return (
        <ListItem
          text={item}
          renderRight={renderRight}
          onPress={() => onPressItem(item)} />
      );
    };

    return (
      <View style={styles.bg}>
        <FlatList
          keyExtractor={(item, index) => item + index}
          data={values}
          renderItem={renderItem}
          ListFooterComponent={<View height={120} />} />
      </View>
    );
  };

  const styles = StyleSheet.create({
   ... //省略样式代码
  });

  export default SelectorScreen;
```

需要说明的是，在选择完活动类型数据之后，还需要调用 onConfirm 回调函数将结果返回给上一个页面，其作用类似于 Android 中的 startActivityForResult 或者 iOS 中的 UINavigationController 委托。

```
  const {values = [], defaultValues = [], onConfirm} =route.params || {};

  const _onRightPress = () => {
      onConfirm(selected);          //onConfirm 回调函数回传数据
      navigation.goBack();
   };
```

6.1.3 活动详情

由于活动列表所展示的数据是有限的，所以活动详情页面的设计显得尤为重要。同时，考虑到活动的短暂性，为了方便代码的开发和维护，活动详情页面通常由活动海报或者活动 HTML5 页面构成，如图 6-3 所示。

为了同时兼容活动详情页面是 HTML5 链接和海报的情况，我们需要对 HTML5 链接和海报分别进行渲染。具体来说，如果打开的是一个 HTML5 链接，则使用 WebView 组件进行加载；如果打开的是一个活动海报，则需要使用 Image 组件进行加载。

不过需要说明的是，使用 Image 组件加载活动海报时，由于海报的宽和高不是固定的，所以在加载前需要重新计算图片的宽和高，以免造成海报的变形，代码如下。

图 6-3 活动详情页面

```
const PromotionDetailScreen = ({route}) => {
  const {item = []} = route.params || {};
  const [imgH, setImgH] = useState(height);
  const [promoImg, setPromoImg] = useState('');

  useEffect(() => {
    setPromoImg(httpConfig.mediaUrl + item.promoPosterImg);
  }, []);

  function setSize(imgItem) {
    let showH;
    Image.getSize(imgItem, (w, h) => {
      showH = Math.floor(h / (w / width));
      setImgH(showH);
    });
  }

  return (
    <ScrollView style={styles.container}>
      <View>
        <Image
          onLoadStart={() => {setSize(promoImg); }}
          style={{width:width, height:imgH}}
          source={{uri:promoImg}} />
      </View>
    </ScrollView>
  );
```

```
};

export default PromotionDetailScreen;
```

上面代码最核心的部分，其实就是在执行图片渲染前调用 onLoadStart 方法计算图片的宽和高，然后将计算的结果设置给图片宽、高属性。

6.2 电影详情

6.2.1 电影详情开发

市场的变动让手持移动端流量成了大部分商家的主要流量来源，运营和推广也都围绕着移动端展开，而有统计数据显示，移动端 90%以上的转化率都来自详情页面，因此详情页面的设计在移动开发中显得尤为重要。

作为一款主打影城消费的应用，电影详情页面在本应用中占据着很重要的地位，参考目前主流的影城应用，电影详情页面通常由海报、剧照、电影信息、评论和相关话题等内容构成，如图 6-4 所示。

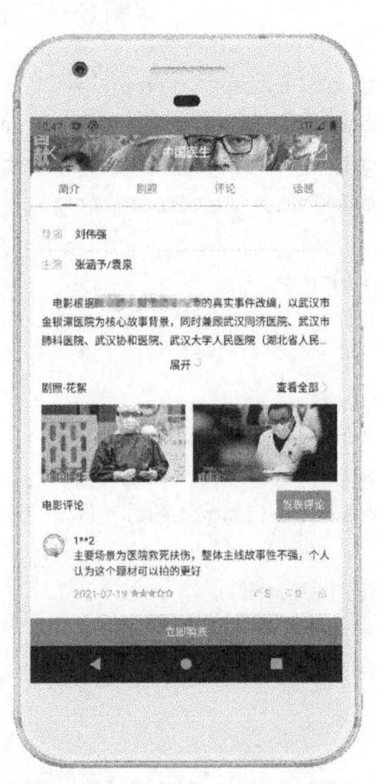

图 6-4 电影详情页面

从图 6-4 来看，电影详情页面所承载的内容还是比较多的，因此在开发上也相对复杂。通常，对于复杂页面的处理逻辑是按模块对页面进行拆分，最后将模块进行整体拼接。并且在执行拆分时，应尽量遵循从上到下、从里到外的拆分原则。

对于本电影详情页面来说，按照从上到下、从里到外的拆分原则，我们可以将详情页面拆分为顶部电影海报、中部卡片说明和底部的 Tab 3 个部分。如果再进行细分的话，则顶部主要由电影海报和导航栏构成，中部则是一个介绍影片基本信息的卡片，最复杂的是底部 Tab，它由简介、剧照、评论和话题 4 个 Tab 子模块构成。

首先，我们来看一下详情页面顶部的实现细节。该部分主要由一个电影海报和导航栏组成，并且导航栏支持页面整体的滑动渐变效果。为了实现标题在滚动过程中的渐变，我们需要创建一个 Animated.Value 对象，然后监听它在垂直方向上的滚动距离。

同时，为了让代码结构变得清晰和容易维护，我们需要对导航栏进行封装，如下所示。

```
    const Header = ({headerTitle = '', headerTitleStyle, onRightPress,
onLeftPress}) => {
      return (
        <View style={[styles.container, {backgroundColor:'transparent'}]}>
          <View style={styles.nav}>
            <TouchableOpacity
              activeOpacity={0.8}
              style={styles.searchLeft}
              hitSlop={{left:15, right:30, bottom:10}}
              onPress={() => onLeftPress()}>
              <Icon name="chevron-thin-left" size={20} color="#fff" />
            </TouchableOpacity>
            <View style={styles.center}>
              <Animated.Text
                type="heading"
                style={[{color:'#fff', fontWeight:'bold', fontSize:16,
opacity:0},
                       headerTitleStyle]}>
                 {headerTitle}
              </Animated.Text>
            </View>
            ... //省略分享部分代码
          </View>
        </View>
      );
    };
```

在使用的时候，我们只需要使用 Animated.Value 监听在垂直方向上的滚动距离，然后动态地改变导航栏的透明度即可，代码如下。

```
    const scrollY = new Animated.Value(0);
    const ImageHeight = 230;

    function renderHeader() {
        return (
          <Header
            headerTitle={title}
            headerTitleStyle={{
              opacity:scrollY.interpolate({          //监听垂直方向的滚动距离
                inputRange:[-ImageHeight, 0, ImageHeight],
                outputRange:[0, 0, 1],
                extrapolate:'clamp' }),
            }}/>
        );
      }
```

在上面的代码中，我们通过调用 interpolate 方法来动态地获取垂直方向上的滚动距离。而 interpolate 方法最核心的功能就是根据 inputRange 的值计算出 outputRange 的值，此处对应的就是导航栏的透明度。

详情页面的中部是一个卡片，展示的是影片的基础信息，就不进行过多的阐述了。接下来，我们看一下底部 Tab 部分。

在 React Native 应用开发中，实现 Tab 导航需要用到 react-native-tab-view 等插件。当然，如果使用的场景不是很复杂，也可以考虑自定义 Tab 导航栏，如下所示。

```
  const Tab = ({tabs = ['简介', '剧照', '评论', '话题'], activeTintColor =
 '#E33322',
    inactiveTintColor = '#777777', activeIndex = 0, onTabClick}) => {
    const getLeft = () => {
      let left = 0;
      switch (activeIndex) {
        case 0:
          left = 0;
          break;
        case 1:
          left = width / 4;
          break;
        case 2:
          left = width / 2;
          break;
        case 3:
          left = (width / 4) * 3;
          break; }
      return left;
    };
    return (
      <View style={styles.container}>
        {tabs.map((item, index) => (
          <TouchableOpacity
            key={index.toString()}
            style={styles.tabItem}
            onPress={() => onTabClick(index)}>
            <Text
              type="subheading"
              style={{
                color:activeIndex == index ? activeTintColor:inactive
TintColor }}>
              {item}
            </Text>
          </TouchableOpacity>
        ))}
        <Animated.View
          style={{
            position:'absolute',
            bottom:0,
            left:getLeft(),
```

```
            width:Dimensions.get('window').width / tabs.length,
            alignItems:'center' }}>
          <View
            style={{
              width:20,
              height:2,
              backgroundColor:activeTintColor,
              borderRadius:2 }} />
        </Animated.View>
      </View>
    );
  };

  export default Tab
```

可以看到，上面代码最核心的功能，其实就是根据点击的 Tab 选项动态地改变指示器的位置和文字的颜色。为了方便监听被选中的 Tab 选项，组件还提供了一个 onTabClick 回调监听函数，具体使用的时候，只需要传入 activeIndex 和 onTabClick 两个参数，如下所示。

```
  const [activeIndex, setActiveIndex] = useState(0);
  <Tab activeIndex={activeIndex} onTabClick={onTabClick} />
```

正常情况下，每一个 Tab 选项都会绑定一个子页面，当选中某个选项时就会切换到对应的子页面，并且这些子页面是独立的、没有任何关联的。不过，在本示例中，简介、剧照、评论和话题这 4 个子页面并不是独立的，而是纵向排列在一起的，当点击某个 Tab 选项时会自动跳转到对应的垂直位置，代码如下所示。

```
  let introY = 0   //简介在垂直方向的位置
  let stillY = 0   //剧照在垂直方向的位置

  const onTabClick = index => {
      switch (index) {
        case 0:
          scrollTo(parseInt(introY));
          break;
    case 1:
          scrollTo(parseInt(stillY));
          break;

        ... //省略其他代码
      }
      setActiveIndex(index);
    };

  const scrollTo = (y) => {
        scrollRef?.current.scrollTo({x:0, y, animated:true})
  }

  const getTargetPartY = actualY => {
      return height - TotalHeaderHeight;
    };
```

```
return (
   <Animated.ScrollView ref={scrollRef}
 <View onLayout={e => (introY = getTargetPartY(e.nativeEvent.layout.y))}>
     {renderComments()}
 </View>
 <Tab activeIndex={activeIndex} onTabClick={onTabClick}/>
    <View onLayout={(e) => {
       introY = getTargetPartY(e.nativeEvent.layout.y)
    }}>
    {renderIntroView()}
   </View>

 ... //省略其他 Tab 代码
</Animated.ScrollView>
)
```

在 React Native 开发中，滚动到指定位置的常见方式是使用 FlatList 组件的 scrollToIndex 方法。除此之外，我们还可以给 View 绑定一个 onLayout 属性，然后调用 ScrollView 组件的 scrollTo 方法来实现滚动到指定位置的功能，上面的代码中使用的就是这种方式。

同时，为了防止在垂直方向上的滚动冲突，ScrollView 的子组件只能有一个。到此，电影详情页面的核心功能的分析就完成了，剩下的就是页面的绘制工作了。

6.2.2 影片分享

在产品推广方面，为了快速拉取新用户，产品应该具备分享功能，因为我们可以借助一些知名的社交平台的流量，来达到快速“拉新”和“促活”的目的。在国内，主流的社交平台有微信、微博、QQ 等 3 个，所以在开发产品的分享功能时一般都会覆盖这 3 个平台，效果如图 6-5 所示。

图 6-5 分享影片到社交平台

作为一个通用的功能，应用的任何模块都可以调用分享模块进行内容分析。为了实现在任何地方都能够调用分享模块，我们需要将分享功能独立成一个单独的分享组件。

在React Native开发中，实现弹窗效果的方式有很多，最常见的方式就是使用官方提供的Modal组件。不过，官方的Modal组件在一些机型的适配上并不是很完美，比如在Android端无法全屏显示；在iOS端，如果Modal弹窗没有被关闭，打开一个新的ViewController时它会被Modal弹窗覆盖等。

因此，在React Native应用的开发过程中，为了屏蔽这些兼容性问题，推荐使用react-native-root-siblings插件提供的RootSiblings组件来实现以上功能，如下所示。

```
export default ({title = '分享给好友', onItemPress, onCancel = () => {}}) => {
   const top = new Animated.Value(0);

  React.useEffect(() => {
    show();
  }, []);

  const close = () => {
    ...//关闭分享弹窗
  };

  const show = () => {
    ...//显示分享弹窗
  };

  return (
    <TouchableOpacity
      activeOpacity={1}
      onPress={close}
      style={styles.container}>
      <Animated.View
        style={[
          styles.content, {
            transform:[{
                translateY:top.interpolate({
                  inputRange:[0, 1],
                  outputRange:[300, 0], }),
              }, ],
          },
        ]}>
        <Header title={title} close={close} />
        <ShareBody onItemPress={onItemPress} />
      </Animated.View>
    </TouchableOpacity>
  );
};

const Header = ({title, close}) => {
  ... //绘制标题栏
};

const styles = StyleSheet.create({
    container:{
        position:'absolute',
```

```
        top:0,
        left:0,
        right:0,
        bottom:0,
        backgroundColor:'rgba(0, 0, 0, 0.4)',
        justifyContent:'flex-end',
    },
})

export const ShareBody = ({onItemPress, showDownloadBtn = true}) => (
  <View style={styles.body}>
    ... //绘制分享弹窗内容
  </View>
);
```

然而，上面的代码只是实现了分享弹窗页面的内容，如果要实现分享功能，还需要使用RootSiblings组件包裹上面的组件，并提供显示和隐藏弹窗的方法，如下所示。

```
import RootSiblings from 'react-native-root-siblings';

const alertShare = (onItemPress, onCancel, title) => {
  if (global.siblingShare) {
      global.siblingShare.destroy();
      onCancel();
      global.siblingShare = undefined;
  } else {
     global.siblingShare = new RootSiblings( (
          <SharePanel
            onItemPress={onItemPress}
            onCancel={onCancel}
            title={title}/>
        ) ); }
};

//调用分享方法
alertShare(onItemPress, () => {
    startAnimation(setShow(false));
})
```

事实上，RootSiblings组件是对官方Modal组件的高度封装，所以它的使用方式和Modal组件是差不多的。需要说明的是，上面的代码只实现了分享弹窗效果，如果想要分享到微信、QQ和微博等社交平台，还需要调用原生客户端提供的分享方法。

当然，除了手动集成原生客户端的分享插件之外，我们还可以直接使用react-native-share和react-native-umeng-share等插件来实现分享功能。

6.2.3 集成视频播放

把预告片和电影剪辑放在电影详情页面是影城应用通用的设计方案，这样设计的好处是可以降低用户了解电影的成本，进而吸引用户进行电影消费。在主流的影城应用中，当用户打开电影详情页面时，默认会播放一段电影的剪辑，当然也可以打开一个新的页面进行播放。

目前，在React Native应用开发中，支持视频播放的插件并不多，如果考虑到兼容性和插件所提供的功能，能够选择的插件就更少了。经过多方面的对比，我们最终选择了 react-native-video-controls 插件，它是在 react-native-video 视频播放插件之上提供的一款插件，支持视频播放所必需的播放/暂停、进度条拖动、后台播放和全屏切换等功能，如图 6-6 所示。

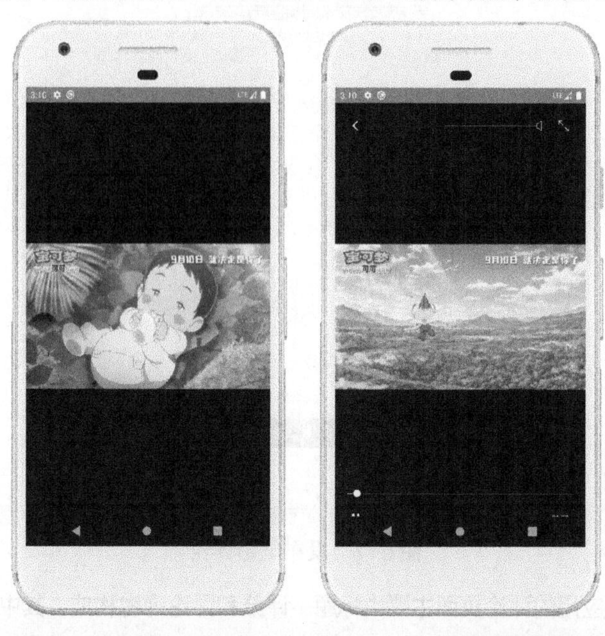

图 6-6 集成 react-native-video-controls 视频播放插件

和 react-native-video 插件一样，react-native-video-controls 的使用流程也比较简单，只需要给它的 VideoPlayer 组件提供视频地址，然后设置一些必需的属性，如下所示。

```
import VideoPlayer from 'react-native-video-controls'

const [showVideo, setShowVideo] = useState(false);

function close() {setShowVideo(false); }

<VideoPlayer source={{uri:xxx}}
     resizeMode ={ 'stretch' }
     controlTimeout={3000}
toggleResizeModeOnFullscreen={false}
     onBack={ () => close() } />
```

在视频播放方面，如果没有特殊的播放需求，react-native-video-controls 插件基本就能胜任开发要求。如果有特殊的播放需求，比如支持弹幕，那么就需要开发者基于原生 SDK 进行插件开发。

6.2.4 发布评论

对于消费类应用来说，评论模块是有效促进成交、提升平台服务质量的工具，能为消费者提供辅助购买的决策，为商家提供运营支撑。同时，用户评论数据，可以给平台提供改善建议，有利于不断提升平台质量，形成良性循环。

在评论模块的设计上，五星评分是一种常见的评分方式。除了评分数值外，评论模块还会包含评论内容、评分等级、表情和图片等内容，在合适的位置上还会有一个发布按钮，如图6-7所示。

图6-7 发布电影评论

可以看到，影城应用的评论页面主要由标题、评分和评论内容构成，其中最复杂的就是五星评分组件。为了方便开发，此处我们直接使用react-native-star-rating五星评分插件，代码如下。

```
import { StarRating} from 'react-native-star-rating'
const [starCount, setStarCount] = React.useState(5);

function renderRate() {
    return (
      <View style={{width:180, height:30}}>
        <StarRating
          halfStarEnabled
          disabled={false}
          starSize={30}
          maxStars={5}
          rating={starCount}
          selectedStar={rating => setStarCount(rating)}
          fullStarColor="#FEAE04"
          activeOpacity={0.2}/>
      </View>
    );
  }
```

上面的代码，除了能实现基本的评分展示外，还可以通过setStarCount方法回传选中的评分组件分值。

接着，我们使用服务器的接口将评分和评论内容一并提交上去，在提交之前可能还需要做一些合规性的判断，比如内容是否为空，是否有不合规的内容。

```
function publishComment() {
          try {
               if (loading) return null
```

```
            if (TextText.trim().length === 0) {
                tools.Toast.toast('请输入您的评论', 1)
                return null
            }
            if (TextText.length > 50) {
                tools.Toast.toast('最多输入 50 个字符', 1)
                return null
            }
            tools.Toast.toast('发布成功', 1)
            navigation.goBack()
            global.siblingLoad.destroy()
        } catch (e) {
            tools.Toast.toast('发布失败，请稍后再试！', 1)
        } finally {
            global.siblingLoad.destroy()
        }
    }
```

评论功能虽然看起来不是很重要，但是在应用中加入产品评论可以让应用看起来更加饱满。

6.2.5 影片排期

在影城应用消费流程中，查看电影详情的下一步就是查看影片排期和在线选座，影片排期是电影消费的重要一步，是指影院对在售的电影进行播放时间安排。然后，用户就可以根据影院和影片排期来锁定电影，从而完成消费。

通常，一个标准的影片排期页面由影院信息、位置信息、排期日历和排期列表等构成。并且，为了方便用户切换、选择其他影片，影片排期还支持左右滑动切换影片，当用户选择一部电影后，影片排期也会跟着发生变化，效果如图 6-8 所示。

图 6-8 选择电影后排期的变化

在影片排期开发中，当我们打开电影场次页面时，会从上一个页面带入默认的影院和影片信息，然后根据默认的参数去请求影片数据和场次数据。另外，获取影片的场次数据需要遵循以下流程：根据选中的影院获取电影数据，再根据选中的电影获取场次数据和排期数据。

所以，我们的网络请求是一种链式请求，即我们需要先请求电影数据，获取电影数据之后再请求排期数据，代码如下。

```
const SelectSessionScreen = ({navigation, route}) => {
  const {params = {}} = route;
  const {productId = '', thatCd, movieActiveIndex = 0} = params;
  const [movies, setMovies] = React.useState([]);
  const [selectedMovie, setSelectedMovie] = React.useState({});
  const [moveTempThats, setMoveTempThats] = React.useState({});
  const [scndys, setScndys] = React.useState([]);
  const [schedul, setSchedul] = React.useState({});
  const [schedulDate, setSchedulDate] = React.useState({});
  const [firstItem, setFirstItem] = React.useState(0);
  const [activeIndex, setActiveIndex] = React.useState(movieActiveIndex);

  React.useEffect(() => {
    getMoviesByCinema();
  }, []);

  //获取影院信息
  async function getMoviesByCinema() {
    const url = 'product/plans/thats/movies';
    const params = { };
    const res = await apiRequest.get(url, params);
if (res.length > 0) {
   ... //省略其他代码
      getSchedules(parentMovCd);
    }
  }

  //获取影院排期
  async function getSchedules(parentMovCd) {
    ... //省略其他代码
    getScheduleDatas(thatCd, parentMovCd, firstData.scnDy);
  }

  //获取排期列表
  async function getScheduleDatas(thatCd, parentMovCd, pDate) {
    ... //省略其他代码
    const url = 'product/plans/thats/movies';
    const params = {};
const res = await apiRequest.get(url, params);
...//省略其他代码
    if (res != null && res[0].movThats != null && res[0].movThats.length > 0) {
        setMoveTempThats(res);
    }
  }
```

```
    const goSeat = (data, index) => {
      ... //购买电影票
    };

    const {movName = '', scnTm = '', movgnr = '', activity = '0'} =
      selectedMovie || {};

    function renderTopAddress() {
      ... //影院信息
    }

    function renderCarousel() {
      ...//影片切换视图
    }

    function renderListHeader() {
      ...//排期日历
    }

    return (
      <ScrollView style={styles.contain}>
        {renderTopAddress()}
        {renderCarousel()}
        {renderListHeader()}
        {renderTicketList()}
      </ScrollView>
    );
  };

  export default SelectSessionScreen;
```

上面的代码主要用于解决数据请求的流程问题，以及普通页面的绘制问题。

此处，我们需要说明一下影片切换的逻辑及其实现，在选择场次页面的中部，影片是支持横向滑动切换和选中的。为了实现这种效果，我们需要用到 react-native-snap-carousel 插件提供的 Carousel 组件，代码如下。

```
import Carousel from 'react-native-snap-carousel'

function renderCarousel() {
    return (
      <View style={styles.carousel}>
        <Carousel
            onSnapToItem={index => _onSwipe(index)}
            data={movies}
            firstItem={firstItem}
            renderItem={_renderItem}
            sliderWidth={width - 20}
            itemWidth={95} />
      </View>
    );
}
```

```
const _onSwipe = (index) => {
        const selected = movies[index]
        setSelectedMovie(selected)
        const {parentMovCd} = selected
        getSchedules(parentMovCd)
    }
```

当我们需要监听卡片切换的时候，只需要使用 onSnapToItem 属性即可获取当前卡片的索引，然后处理业务逻辑。

6.2.6 在线选座

在电影购票流程中，完成电影场次的选择后，接下来就是在线选座和位置锁定。并且，相比购票流程中的其他环节，在线选座也是影城应用技术实现难度较高的页面，因为在线选座需要考虑的因素有很多，比如座位的价格等级如何划分、是否可以选择分散的座位，以及如何计算选择多个座位的价格等。

而在座位的布局方面，座位的排布通常有两种不同的方式，一种是列表视图，另一种是座位的俯瞰视图。列表视图排布相对简单，只需要将座位按照行和列方式制作成表单，但它的缺点是和现场位置差异太大，不方便用户寻找座位，且用户体验也较差。而俯瞰视图排布则不同，它能够让用户清晰地看到座位的整体布局，进而帮助用户选择合适的观影位置。因此，在影城应用的在线选座功能上，俯瞰视图受欢迎的程度远远高于列表视图，并且是主流影城应用的标准设计方案，如图 6-9 所示。

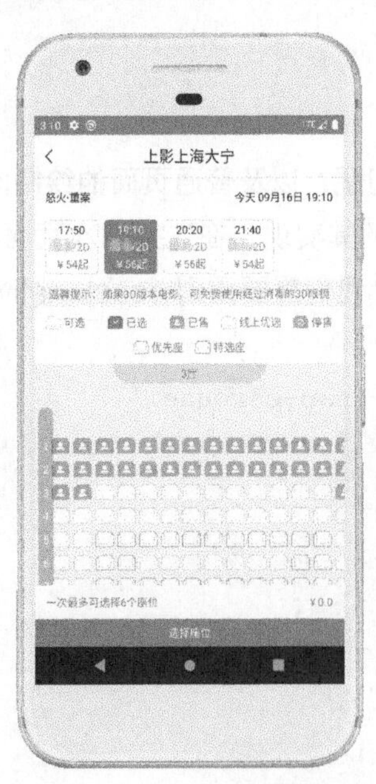

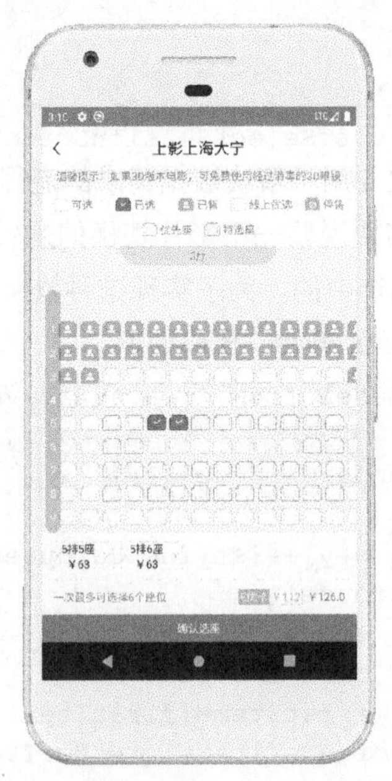

图 6-9 在线选座俯瞰视图

可以看到，在线选座页面还是很复杂的，所以我们需要对整个页面进行拆分，按照从上到下的拆分逻辑，我们可以将整个页面拆分为标题栏、提示文案、可选时间、座位标识说明、座位俯瞰视图和价格说明。其中，需要重点解决的是座位俯瞰视图和价格计算逻辑。

首先，当我们打开在线选座页面时，页面顶部会默认弹出一个在线选座的说明，并且该说明在短暂显示后会自动消失。对于这种短暂的提示效果，我们可以直接使用 setTimeout 倒计时函数来实现，代码如下。

```
const [showStatus, setShowStatus] = useState(true);
const clearTimer = () => interval.current && clearInterval(interval.current);

React.useEffect(() => {
    interval.current = setTimeout(function () {
      setShowStatus(false);
    }, 2000);
    return clearTimer;
  }, []);

function renderTip() {
    return showStatus ? (
      <Tip
        contentLeft="您购买的是"
        title={` ${thatNm} ${scnDyName} ${date.getMonth(scnDy,
        )}月${scnDyDay}日 `}
        contentRight="的场次，请核对后购买~"/>
    ):null;
  }
```

事实上，Toast 提示也是使用这种方式来实现的。不过，需要说明的是，在使用 setTimeout 函数时，需要在页面被销毁前调用 clearInterval 方法清除定时器，以避免由定时器造成的资源浪费。

电影在刚上映的时候是最火爆的，此时为了满足广大人民群众的观影需求，影院通常会安排多个场次进行循环播放。因此，在购票流程中，选择观影时间后才能选择座位。

由于排片的数据是根据电影票的售卖情况来决定的，因此排片的场次不确定，在观影时间上我们可以将其设计成左右滑动的方式，并且为了保证代码的可阅读性和可维护性，还需要将这块逻辑单独封装成一个组件，如下所示。

```
const SelectTimeContainers = ({times, activeIndex = 0, onPress}) => {
  const onItemPress = (item, index) => {
    onPress && onPress(item, index);
  };

  return (
    <View style={{paddingVertical:10, paddingLeft:15}}>
      <ScrollView horizontal showsHorizontalScrollIndicator={false}>
        {times.map((item, index) => {
           const {activity, bktAmt, cardAmt, minDscAmt} = item;
           ... //省略其他代码
           return (
             <SelectTimeItem
               info={`￥${price}`}
               key={index}
               onItemPress={() => onItemPress(item, index)}
```

```
                isActive={index === activeIndex}
                title={item.scnFrTime}
                content={`${item.movLang}/${item.movType}`} />
            );
          })}
        </ScrollView>
      </View>
    );
  };
  export default SelectTimeContainers;
```

可以看到，经过简单的封装后时间选择就显得简单了许多，使用时传入影片排期列表即可。当选择某个时间后，组件会回传选中的时间数据。在在线选座页面调用 SelectTimeContainers 组件的示例代码如下。

```
  function renderTime() {
      return (
        <SelectTimeContainers
          times={times}
          activeIndex={activeIndex}
          onPress={onTimePress} />
      );
    }
```

接下来，我们尝试实现在线选座功能。在线选座功能主要由座位说明和座位俯瞰视图两部分组成，而座位俯瞰视图由一个不规则的网格布局构成。在进行页面布局开发之前，先来看一下视图关联数据的数据结构，如下所示。

```
  {
      "seatGrdPrcs":[
          {
              "stdPrc":162.0,
              "seatGrdNm":"普通座",
              "noCardDscAmt":0.0,
              "seatGrdCd":"01",
              "typeNm":"common",
              "bktAmt":72.00,
              "minDscAmt":0.0,
              "withCardDscAmt":0.0
          },
          ...  //省略其他代码
      ],
      "otp_seat":[
          [
              null,
              {
                   "seatCode":"3110060106#01#01",
                   "groupCode":"ONLINE002007",
                   "stdPrc":162.0,
                   "bktAmt":72.00,
                   "mbrCrdPrc":65.00,
                   "minDscAmt":0.0,
                   "noCardDscAmt":0.0,
```

```
                    "withCardDscAmt":0.0,
                    "phyRowId":"1",
                    "phyColId":"1",
                    "logicRowId":2,
                    "logicColId":6,
                    "seatGrdCd":"01",
                    "seatImage":"common",
                    "status":"Unavailable",
                    "seatLocNo":"00200701"
                }
                ... //省略其他代码
            ],
        ]
    }
```

其中，字段 otp_seat 表示普通座位，seatGrdPrcs 表示优选座位，在进行页面绘制的时候，普通座位和优选座位会使用不同的颜色进行标识。同时，因为座位布局功能相对独立，所以在具体开发的时候，可以将这部分功能单独封装成一个组件，代码如下。

```
    const SeatContainer= ({seatList,screenName, selected,selectSeat, animateLeft ,
haveCheckImg}) => {
    return (
        <View>
            <View style={styles.top}>
                <View style={styles.screen}>
                    <Text numberOfLines={1}>{screenName}</Text>
                </View>
            </View>
            <View>
              <ScrollView horizontal showsHorizontalScrollIndicator={false}>
                <View collapsable={false} style={styles.seatContainer}>{
                    seatList && seatList.length && seatList.map((item, index) => (
                      <View style={{flexDirection:'row'}} key={index}>{
                        item.map((val, key) =>
                          <SeatItem placeholder={index === 2 && key === 3}
                            row={index}
                            column={key}
                            rowData={item}
                            haveCheckImg={haveCheckImg}
                            key={key}
                            val={val}
                        selected={selected.filter(pre => (pre.row == index) &&
                        (pre.column === key)).length > 0}
                            isMax={selected.length === 6}
                            onPress={selectSeat}/>)}
                        </View>))}
                      </View>
                </ScrollView>
            <View style={styles.leftSort}>
                {seatList.map((item, index) => {
             return (<View key={index}><Text>{item ? item[item.findIndex(it =>
                    it)]?.phyRowId:''}</Text></View>)
```

```
            })}
        </View>
  </View>
      </View>
  )
}

export default SeatContainer
```

上面代码的核心作用就是实现座位排布。由于官方并没有提供网格组件，因此在实现座位排布时，我们使用 map 函数来循环座位列表。同时，为了避免座位在水平方向上显示不全的问题，还需要在最外层使用 ScrollView 组件包裹座位列表，并设置滚动方向为水平。

接着，在在线选座的主页面引入 SeatContainer 组件，并将组件所需的参数传递进去即可，如下所示。

```
<SeatContainer
    seatList={seatList}
    selectSeat={selectSeat}
    selected={selected}
    creenName={screenN}
    animateLeft={Left}
    haveCheckImg={haveCheckImg}
seatThumbContainer={seatThumbContainer}/>

const selectSeat = (row, column, rowData = []) => {
   ... //选座逻辑
}
```

需要说明的是，上面的数据并不是最原始的接口数据，而是依据需求进行了重组。并且，选取的座位是否满足要求，需要在 selectSeat 方法中进行判断。重新运行项目，就可以看到在线选座的网格效果了，如图 6-10 所示。

同时，在影城应用的在线选座功能开发中，为了方便用户查看选中的位置，通常会在用户选中某个座位后，在座位的上方显示一个缩小版的提示已选座位的浮层，如图 6-11 所示。

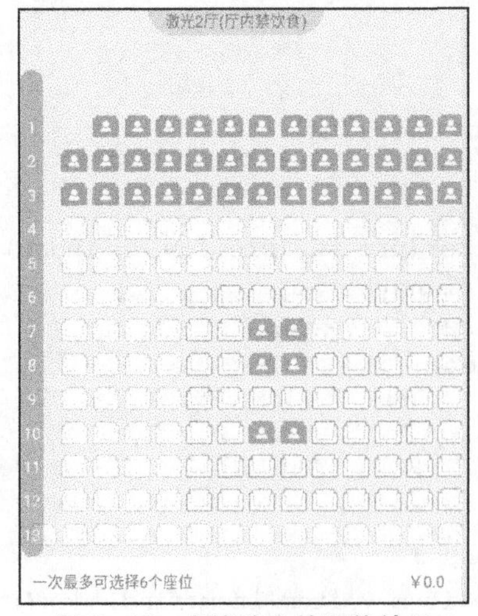

图 6-10　在线选座的网格效果

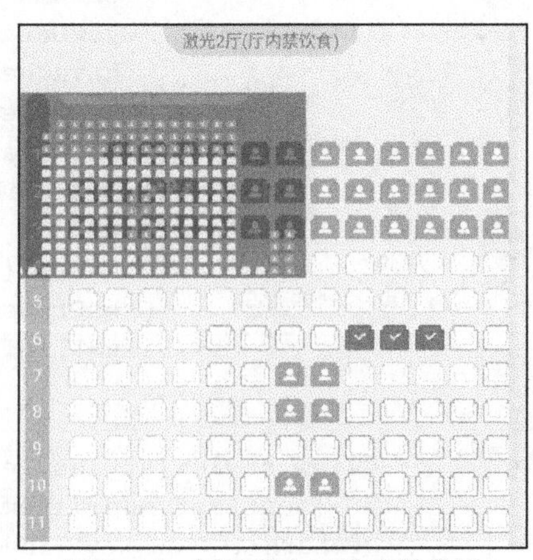

图 6-11　提示用户已选中的位置

通常，要实现这种渐变的提示效果，需要用到 Animated.View 动画组件。我们以座位模块的左上角为原点，然后使用 Animated.View 组件包裹缩小的座位视图，代码如下。

```
const ThumbnailSet = ({selected, seatList, seatThumbContainer, animateLeft}) => {
    const {width = deviceWidth} = seatThumbContainer
    return (
        <Animated.View style={[
            {backgroundColor:'rgba(0,0,0,0.5)', position:'absolute',
left:0, top:0},{
                transform:[{
                    translateX:animateLeft.interpolate({
                        inputRange:[0, 1],
                        outputRange:[-width, 0],
                    }),
                }],
            },{
                opacity:animateLeft.interpolate({
                    inputRange:[0, 1],       //动画值输入范围
                    outputRange:[0, 1],     //动画值输出范围
                }),
            },
        ]} >
            <View>
              ...  //省略座位代码
            </View>
        </Animated.View>
    )
}

export default ThumbnailSet
```

然后，在 SeatContainer 组件中引入 ThumbnailSet，并将其添加到合适的显示位置即可，如下所示。

```
const SeatContainer = () => {
    return (
        <View>
        <ThumbnailSet animateLeft={animateLeft} seatList={seatList}
          selected={selected} seatThumbContainer={seatThumbContainer}/>
        </View>
    )
}
```

经过拆分开发后，在线选座页面的核心——选座功能就开发完成了，接下来就需要完成订单创建和支付环节了。

6.2.7 订单确认

作为一款典型的在线购票应用，当用户选择某个电影，并选择影院、场次和位置后，接下来就是创建订单和进行在线支付，完成线上购票流程。创建订单是在线支付前的最后一步，目的是让用户确认购买的商品和服务没有任何的错误。

订单确认页面除了需要包含基本的影片购买信息之外，通常还会包含观影人信息、优惠券和推荐商品等内容，在页面的底部还会显示支持的支付方式(如支付宝、微信和银联支付等)，如图 6-12 所示。

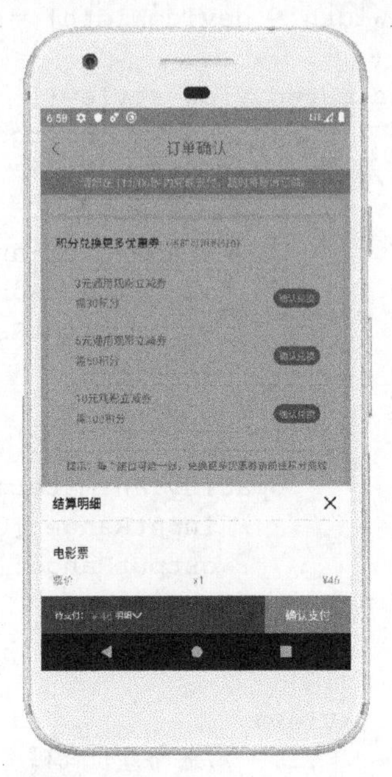

图 6-12 订单确认页面

同时，在创建订单流程中，为了避免座位锁定后请求被浪费，通常页面的顶部还会显示一个支付倒计时，一旦超过了支付时间订单便会自动取消。

可以看到，订单确认页面最核心的功能就是支付，其他则是一些展示内容。按照从上到下的页面排布方式，订单确认页面可以分为支付倒计时、购票信息、优惠券、推荐商品和支付方式等小模块。

对于倒计时功能，最常用的实现方式有 setTimeout 和 setInterval 两种。其中，setTimeout 用在只需要执行一次任务的场景中，而 setInterval 则用在需要连续执行任务的场景中，比如此处的支付倒计时。

```
let interval = useRef()
const clearTimer = () => interval.current && clearInterval(interval.current)

useEffect(() => {
        interval.current = setInterval(function () {
            getTimeCountdown()
        }, 1000)
      return clearTimer
  }, [])

const endTime = new Date().getTime() + (14 * 60 + 59) * 1000 //倒计时截止时间
const getTimeCountdown = () => {
        const newTime = new Date().getTime()
        if (endTime - newTime > 0) {
             const time = (endTime - newTime) / 1000
```

```
            //倒计时（天、时、分、秒）
            const min = parseInt(((time % (60 * 60 * 24)) % 3600) / 60)
            const sec = parseInt(((time % (60 * 60 * 24)) % 3600) % 60)
            setMinutes(timeFormat(min))
            setSeconds(timeFormat(sec))
        } else {
            clearInterval(interval.current)
            setMinutes('00')
            setSeconds('00')
        }
}

return (
      <View style={styles.container}>
          <TopMessageContainer minutes={minutes} seconds={seconds}/>
     </View>
)
```

需要注意的是，为了避免对 CPU 资源造成浪费，还需要在倒计时结束时调用 clearInterval 关闭计时器。同时，为了保证能够获取可变对象当前的值，此处还需要用到 useRef 函数，它的作用是在修改 useRef 返回的值的同时不引起重新渲染。

当然，订单确认页面最重要的还是支付模块。为了实现快捷支付，所有的商业类应用都会接入诸如支付宝、微信和银联支付等快捷支付方式。同时，为了方便控制支持的快捷支付方式，支付方式的数据都是由服务器统一返回的，其数据结构如下所示。

```
{
  "data":[
    {
      "kbn":"wechat_yn",
      "kbnName":"微信启用与否",
      "useYn":"1",
      "showYn":"1",
},
... //省略其他支付方式数据
  ]
}
```

由于支付功能是一个单独的功能，因此在开发过程中可以将其封装成一个组件，代码如下。

```
const ThirdPaymentContainer = () => {
    const [isSelected, setIsSelected] = useState(2);
    const [payList, setPayList] = useState([]);

    useEffect(() => {
        getpayFun()
    }, []);

    const getpayFun = async () => {
        let url = '/facility/attr/188'
        const res = await apiRequest.get(url)
        setPayList(res)
    }
```

```
    //使用支付宝支付
    const PayByAlipay = () => {
        return (
            <TouchableOpacity
                style={styles.payCard}
                onPress={() => {
                    setPayCode(2);
                }}>
                ... //省略其他代码
            </TouchableOpacity>
        );
    };

    //使用微信支付
    const PayByWechat = () => {
        ... //省略其他代码
    };

    const setPayCode = (index) => {
        setIsSelected(index);
    };

    return (
        <Card style={styles.container}>
            <View>
                {
              payList?.findIndex(item => item.kbn === "alipay_yn") > -1 ?
                    <PayByAlipay isSelected={isSelected}/>:null
                }
                {
                     payList?.findIndex(item => item.kbn === "wechat_yn") >
-1 ?
                     <PayByWechat isSelected={isSelected}/>:null
                }
                ...  //其他支付方式
            </View>
        </Card>
    );
};
```

上面代码最核心的功能就是实现支付方式的绘制和切换，而 setPayCode 方法的作用就是选中当前的支付方式，最终的效果如图 6-13 所示。

图 6-13　支付方式效果

需要说明的是，上面的代码只是实现了支付方式的选择。如果要真正实现支付功能并完成支付流程，还需要调用原生客户端平台封装的支付方法。当然，我们也可以直接使用第三方插件，比如支付宝支付的 react-native-alipay 和微信支付的 react-native-wechat。

6.2.8 退改签协议

根据产品场景的需要，在移动应用开发中经常要设计各种弹窗提示。相比于传统的网页弹窗，移动应用的弹窗是多种多样的，常见的有警告类弹窗、气泡式弹窗和非模态弹窗。而本示例中的退改签协议弹窗属于警告类弹窗，是需要用户手动确认的，如图 6-14 所示。

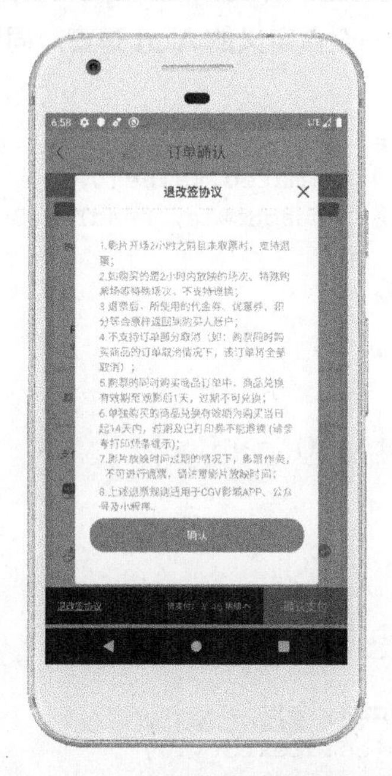

图 6-14 退改签协议弹窗效果

如 6.2.2 所述，在 React Native 应用开发中，最常见的实现弹窗的方式是使用官方的 Modal 组件，不过 Modal 在需要全屏显示的场景下会有一些适配问题，因此我们可以使用 react-native-root-siblings 插件来实现全屏。除此之外，我们还可以使用自定义组件的方式来实现全屏。

具体来说，就是将自定义弹窗组件看成一个路由页面，然后在路由页面中实现弹窗效果。首先，我们自定义一个路由页面用来模拟弹窗效果，如下所示。

```
const components = {
  alert:Alert,
};

export default AlertScreen = ({route}) => {
  const {component = 'alert', ...rest} = route.params;
  const Comp = components[component];
  return (
    <View style={{
        flex:1,
        backgroundColor:'transparent',
        justifyContent:'center',
        alignItems:'center',
```

```
      }}>
      <Comp {...rest} />
    </View>
  );
};

export default AlertScreen;
```

上面的代码基本实现了弹窗的整体样式，而弹窗显示的具体内容则是一个需要传入的组件。在本示例中，需要传入的是一个自定义的 Alert 弹窗。同时，考虑到 Alert 弹窗是通用的，此处做了如下的封装处理。

```
  const Alert = ({title = ' ',content = '', options = {}}) => {
    const opacity = new Animated.Value(0);
const {submitText = '确定', headStyle, headTextStyle, closeColor} = options;

    const close = () => {
      goBack();
    };

    const renderContent = () => {
      ... //省略文本代码
    };

    return (
      <Container
        title={title}
        headStyle={headStyle}
        headTextStyle={headTextStyle}
        closeColor={closeColor}
        closeBtn={closeBtn}
        close={close}
        opacity={opacity}>
        <ScrollView style={styles.contentStyle }>
          {renderContent()}
        </ScrollView>
        <Button close={close} buttons={buttons} submitText={submitText} />
      </Container>
    );
  };

  export {Alert};
```

可以看到，作为一个通用的 Alert 弹窗，其对外提供了 title、content 和 options 参数，分别用于传入标题、文本内容和样式。

为了能够在页面中打开 Alert 弹窗，我们还需要像注册普通的路由页面一样，在应用的 Navigator 中注册 AlertScreen 路由，如下所示。

```
export default Navigator = () => {
    return (
        <NavigationContainer>
            <RootStack.Navigator initialRouteName="Main">
```

```
                ... //省略其他代码
                <RootStack.Screen
                    name="Alert"
                    component={AlertScreen}
                    options={{
                      animationEnabled:true,
                      cardOverlayEnabled:true,
                      gestureEnabled:false,
                      header:() => null,
                      cardStyleInterpolator:({current:{progress}}) => {
                        return {
                          cardStyle:{
                            opacity:progress.interpolate({
                            inputRange:[0, 0.5, 0.9, 1],
                            outputRange:[0, 0.25, 0.9, 1],
                      }),},}},}}/>
            </RootStack.Navigator>
        </NavigationContainer>
    );
};
```

然后，在需要弹窗的地方，使用打开路由的方式打开弹窗即可，如下所示。

```
navigate('Alert', { title, content, buttons:btns, options:opt, component:
'alert' });
```

6.3 电商模块

6.3.1 电商模块首页

最近几年，非票业务逐渐成为国内院线共同瞄准的目标。相比于传统的票务收入，非票收入逐渐成为院线主要的收入来源。而非票业务主要围绕非票类产品和活动来实现影院品牌的个性化运营，组合了如电子观影券、电影周边、餐饮小食等多种产品。

同时，影院通过不定时的直播、和垂类达人合作等手段，帮助影院和观影用户建立直接沟通的渠道，最终让用户和影院深度绑定，持续为影院带来稳定的收益和扩大利润增长空间。

所以，基于非票业务正在成为国内院线主要的收入渠道这一现实，在影城应用中新增非票类产品是非常重要的。目前，影城应用的非票类产品还只包括一些周边服务，如餐饮小食、玩具和卡券等，如图 6-15 所示。

当然，围绕着非票类业务，电商模块能做的还有很多。不过受限于篇幅，本应用的电商模块并不会提供太多的功能，只会提供一些人气商品、卡券和餐饮小食等的基础服务。

依据上面的诉求，电商模块首页主要由活动广告、卡券、人气商品和电商子模块等构成，同时还支持院线切换和页面手动刷新操作。经过分析后可以发现，我们只需要使用 FlatList 组件配合 refreshControl 属性即可完成开发，代码如下。

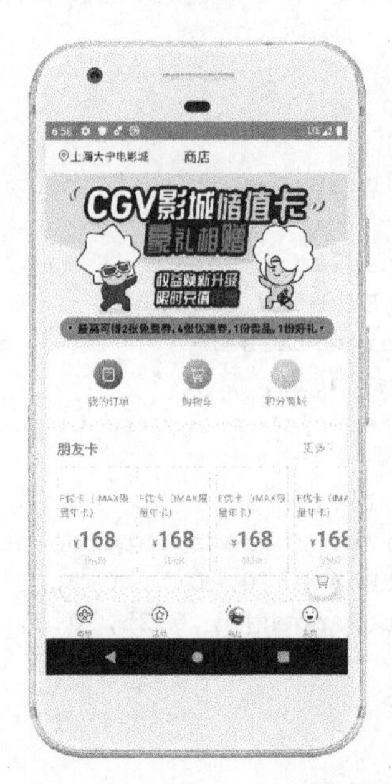

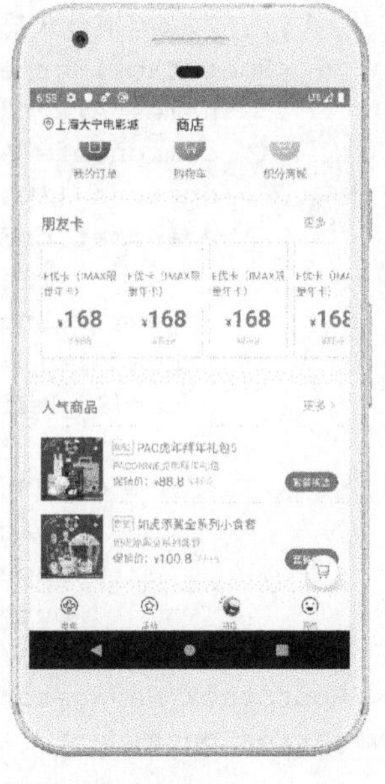

图6-15　电商模块首页的非票业务

```
const ShopScreen = ({navigation:{navigate}}) => {
   ... //省略其他代码

    return (
         <View>
         <Header title="商店" renderLeftView={() => <LeftView
           onHeaderLeftPress={onHeaderLeftPress}/>}/>
             <FlatList
                  ListHeaderComponent={
                       <View>
                            {renderBanner()}
                            {renderMenuView()}
                       <FriendCards list={friendCards}
                        seeMore={goCardListScreen}/>
                            <View style={styles.holder}/>
                       <SectionTitle title="人气商品"
                        morePress={gotoGoodList}/>
                            <SpliteLine/>
                       </View>
                  }
                  refreshControl={
                       <RefreshControl
                            refreshing={false}
                            onRefresh={() => {
                                 getFriendCard()
                                 getGoodList()
                            }} />
                  }
                  ItemSeparatorComponent={() => <SpliteLine/>}
                  ListFooterComponent={goodList.length > 10 ?
                       <ButtonListFooter content="查看更多商品"/> :
```

```
                <View style={{height:60}}/>}
                data={goodList}
                renderItem={({item}) => <GoodItem item={item}/>}
                keyExtractor={item => item.id} />

              ... //省略其他代码
          </View>
      )
  }

  export default ShopScreen;
```

由于 FlatList 组件的 refreshControl 属性可以嵌套 RefreshControl 组件实现刷新功能，所以首页的开发工作量并不是很大。可以看到，对于上半部分固定的内容，可以使用 ListHeaderComponent 属性包裹子布局来完成，而下半部分直接使用 FlatList 组件即可实现商品列表的开发。

6.3.2 商品列表

作为院线应用重要的组成部分，电商模块如何搭建是产品经理必须考虑的问题。同时，由于商品首页所展示的商品数量有限，所以在电商模块中通常还需要设计一个商品列表。

纵观市面上主流的电商类应用可以发现，商品列表的设计就那么几种，一种是顶部支持筛选、排序的列表，一种是支持无限下拉的列表，还有一种就是左右分栏的列表。前两种设计适合商品数据比较多的情况，而最后一种则适合商品数据有限的情况。

考虑到影城的商品数据并不是很多，所以很适合使用左右分栏的列表来进行开发。其中，左栏用于显示商品的类别，右栏则用于显示具体的商品，并且左右栏之间是可以联动的，即选择了左栏的商品类别后右栏的商品也会跟着变动，如图 6-16 所示。

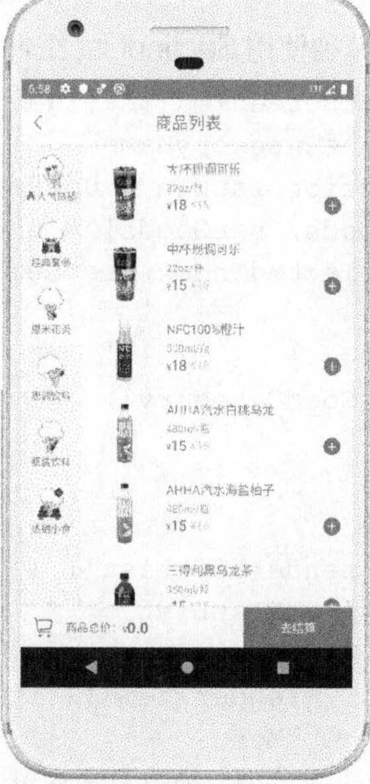

图 6-16 商品列表效果

由于商品的数据是有限的，所以在开发商品列表页面的接口时，可以一次性获取所有的数据。并且，考虑到左右分栏的效果，数据结构应该使用数组嵌套的方式，即最外层的数组表示商品类别，里面的数组表示具体的商品，如下所示。

```
{
  "data":{
    "content":[
      {
        "id":"SC_188_5",
        "productCategoryId":"GOOD_0",
        "categoryName":"人气热销",
        "categoryImageUrl":"/img/CGV_CMS_1609772871639.png",
        "goodList":[
          {
            "id":"G_188_935",
            "productName":"PAC虎年拜年礼包5",
            "smallImageUrl":"/img/CGV_CMS_1643181892747.jpg",
            "productCategoryId":"GOOD_0",
            "categoryName":"人气热销",
            "price":88.80,
            "priceWithTax":106.00,
            "guidePrice":88.80,
          }
          ... //省略其他商品
        ]
      }
      ... //省略其他商品类别
    ],
  },
}
```

具体开发时，使用列表组件即可完成商品列表的开发。同时，考虑到左右栏需要实现联动效果，所以右栏还需要单独使用SectionList组件，而左栏只需要使用FlatList组件，如下所示。

```
const GoodListScreen = ({navigation:{navigate}}) => {
    let currentCategoryName
    const sectionListEle = useRef(null)
    const [goods, setGoods] = useState([])
    const [selectedIndex, setSelectedIndex] = useState(0)

useEffect(() => {
          getGoodCategory()
    }, [])

//左栏商品类别
    function renderLeftList() {
        return (<FlatList
                data={goods}
                renderItem={({item, index}) => (
                <Menu
                   item={item}
                   isSelected={index === selectedIndex}
```

```
                        select={() => select(index)} />
                    )}
                    keyExtractor={(item) => item.id}/>);
        }

        //右栏商品
        function renderRightList() {
            return (<SectionList
                    style={styles.rightList}
                    ref={sectionListEle}
                    onScrollToIndexFailed={() => ({
                        index:selectedIndex,
                    })}
                    sections={goods}
                    renderItem={({item}) => (
                        <GoodItem  item={item}/>
                    )}
                    keyExtractor={(item) => item.id}
                    onViewableItemsChanged={onViewableItemsChanged} //左右栏联动
        />);
        }

        return goods.length>0 && (
            <View style={ styles.contain}>
                <View style={styles.body}>
                    {renderLeftList()}
                    {renderRightList()}
                </View>
            </View>
        )
    }

    export default GoodListScreen;
```

上述代码完成了商品列表的开发。那如何实现左右栏的联动效果呢？

在React Native应用开发中，实现左右栏联动需要使用组件的onViewableItemsChanged属性，此属性的主要作用就是在可见性元素发生变化时执行刷新操作。在本示例中，当右栏的可见性元素发生变化时，就会通过代码改变左栏的选中项，如下所示。

```
const onViewableItemsChanged = (info) => {
      const firstViewableItem = info.viewableItems[0]
      if (firstViewableItem) {
          const {categoryName} = firstViewableItem.item
          ... //省略其他代码
          setSelectedIndex(index)
      }
  }
```

除此之外，我们还可以使用列表组件的 viewabilityconfig 属性来设置可见范围和变化频率等配置。同时，如果想要实现右栏滚动时左栏能够随着滚动，还需要在 onViewableItemsChanged 方法中添加如下代码。

```
if (categoryName !== currentCategoryName) {
    //通过分类名称进行匹配
    const index = goods.findIndex((c) =>c.categoryName === categoryName)
    setSelectedIndex(index)
    currentCategoryName = categoryName
}
```

6.3.3 商品详情

在电商类应用中，商品详情页面是流量最大的页面，也是用户停留时间最长的页面。一个优秀的商品详情页面不仅可以让用户快速地了解商品，还能让用户产生价值感受并最终购买商品。

在电商活动中，作为消费者了解商品的主要渠道，商品详情页面能承载的东西有很多。通常，在专业的电商类应用中，商品详情页面由标题栏、图片广告栏、商品信息、价格、商品SKU（Stock Keeping Unit，存货单位）、退货退款说明、商品评论、推荐商品和底部的操作栏等构成，如图6-17所示。

图6-17 商品详情页面效果

在本示例影城应用中，商品详情页面从上到下可以分为标题栏、商品广告图、商品简介、推荐商品和评论等部分，底部则是购物车入口和结算入口。首先，我们根据上一个页面传递过来的商品id获取详情页面的数据，获取到的详情页面数据的结构如下。

```
{
    "data":{
        "productId":"22010322",
        "productName":"PAC 虎年拜年礼包 5",
        "smallImageUrl":"/img/CGV_CMS_1643181892747.jpg",
        "subProduct":[
            {
```

```
            ... //省略其他数据
          }
        ],
        "subProductMap":{
          "singles":[
            {
              ... //省略其他数据
            },

          ],
        }
    },
}
```

接下来，就是按照页面布局进行详情页面的开发。此处，我们重点看一下推荐商品部分的实现。

由图 6-17 可以看到，推荐商品部分是由一个可以左右滑动的轮播图构成的，并且每一屏只显示最多 3 个商品。也就是说，如果推荐的商品数量超过 3 个，多余的商品就会在下一屏显示。由于接口返回的数据是一个数组，为了达到分屏显示的效果，我们需要对获取的推荐商品数据进行归类，如下所示。

```
const splitArray = (arr, len) => {
    const arrLength = arr.length
    const newArr = []
    for (let i = 0; i < arrLength; i += len) {
        newArr.push(arr.slice(i, i + len))
    }
    return newArr
}
//每 3 个进行归类
const data = splitArray(list, 3)
```

经过 splitArray 方法处理后，返回的数据是一个新的数组。接下来，我们使用 react-native-swiper 插件提供的 Swiper 组件即可完成图 6-17 所示的效果，代码如下。

```
const GoodCard = ({item}) => {
    ... //省略其他代码
}

const Section = ({title, len, list = []}) => {
    const data = splitArray(list, 3)
    return (
        <View>
            <View style={{height:cardWidth + 80 }}>
                <Swiper
                    showsButtons={false}
                    dotStyle={styles.dotStyle}
                    activeDotStyle={styles.activeDotStyle}
                    removeClippedSubviews={false}
                    {data.map((items, index) => (
                        <View style={styles.ferry} key={`key-${index}`}>
                        {items.map((item, i) => <GoodCard key={`key-card-
```

```
                                ${i}`} item={item}/>)}
                                </View>
                            ))}
                        </Swiper>
                    </View>
                </View>
    )
}

const SwitcherView = ({singles = []}) => {
    return (
        <View style={styles.switcher}>
            <Section title="不可换选" len={singles?.length} list={singles}/>
        </View>
    )
}

export default SwitcherView
```

最后，在商品详情页面引入 SwitcherView 组件，传入推荐商品的数据即可。

6.3.4 商品购物车

不知道大家有没有注意到，我们去大型超市购物时，通常都会在超市的入口推一辆购物车，然后选购商品。而如果是去小卖部或者便利店购物，却不需要购物车。由此可见，购物车适用于需要同时购买多种商品的场景。

而在电商场景中，设计购物车除了方便之外，另一个常见的作用是实现多品优惠，比如满减、满送、搭配优惠等。除此之外，很多消费者将相似的商品放入购物车，以便在支付的时候选择更合适的进行支付。

在本示例应用中，购物车主要服务的是电商模块，用于消费者同时购买多件商品时合并支付的情况。同时，考虑到多个页面的商品都能加入购物车，所以购物车在设计时需要能够支持跨组件和页面的状态管理。基于这一需求，我们决定使用 react-redux 状态管理框架。

之所以选择 react-redux，是因为它具有体积小、流程清晰和能够快速上手等优点。按照 react-redux 的使用流程，首先需要创建一个用来定义行为事件的 Action 对象，如下所示。

```
// cartActions.js
const ADD_ITEM_TO_CART = ' ADD_ITEM_TO_CART ';          //加入商品
const REDUCE_ITEM_IN_CART = ' REDUCE_ITEM_IN_CART ';  //删除商品
const CLEAR_CART = ' CLEAR_CART ';                    //清理购物车

export function addItemToCart(){
   return {type:ADD_ITEM_TO_CART }
}
export function reduceItemInCart(){
   return {type:REDUCE_ITEM_IN_CART }
}
export function clearCart(){
```

```
    return {type:CLEAR_CART }
}
```

接下来，新建一个 Reducer 对象，用来统一处理购物车的业务逻辑，比如添加到购物车、删除购物车中的单个商品或者清空购物车，也就是提供操作购物车数据的方法。处理完成之后需要将结果返回给 Store 对象进行存储，如下所示。

```
import {ADD_ITEM_TO_CART, REDUCE_ITEM_IN_CART, CLEAR_CART } from
'./cartActions'

const initialState = {
  errorMessage:'',
  cart:{},
  products:{},
  items:[],
}

export default (state = initialState, { type, payload }) => {
  switch (type) {
    case ADD_ITEM_TO_CART:{             //添加到购物车
      ... //省略业务代码
      return {
        ...state,
        items:list,
      }
  }
    case REDUCE_ITEM_IN_CART:{          //删除购物车中的单个商品
      ...// 省略业务代码
      return {
        ...state,
        items:list,
      }
  }
    case CLEAR_CART:{                   //清空购物车
      return {
        ...state,
        items:[],
      }
    }
    default:
      return state
  }
}
```

现在，所有的状态数据都存储到了 Store 对象中，要获取状态数据的内容，只需要使用 getState 方法。除此之外，还可以使用 subscribe 方法来实时监听 Store 数据的变化。

众所周知，为了避免函数产生副作用，对于 Redux 框架，在设计之初开发者就有意使用纯函数，并且做到数据更改的状态是可回溯的。所谓函数副作用，指的是某个函数做了职责之外的事情，而纯函数是不会产生副作用的。

不过在使用 React Natives 进行业务开发时，仍然不可避免地会让数据产生副作用，为了解决这一问题，Redux 框架提供了一个中间件机制。除此之外，提供中间件机制的另一个原因是，Redux 不支持异步的 Action 事件，比如下面这段代码。

```
export function addCountAsync() {
  return () => {
    setTimeout(function () {
      store.dispatch(addCount());
    }, 1000);
  };
}
```

可以看到，上面的代码完成的是一个典型的异步任务，执行上面的代码会报一个不支持异步操作的错误，并提示开发者需要使用支持异步操作的中间件。

在 React 开发中，支持异步操作的 Redux 中间件有 redux-thunk、redux-promise 和 redux-saga 等。从性能方面来说，redux-thunk 是最好的，其次是 redux-saga。之所以 redux-thunk 的性能会更好，是因为 redux-saga 在 Redux 框架 Action 的基础之上，重新开辟了一个异步 Action 事件来单独处理异步任务，因此性能的消耗更大。不过对于小型项目来说，它们之间的性能差异可以忽略不计。并且，需要根据实际情况对中间件进行选择。

此示例中，我们使用的是 redux-saga 中间件，因为它更符合项目的整体架构，代码的改动也较小。首先，我们新建一个 Saga 对象来处理异步任务，它工作于 Action 和 Reducer 之间，如下所示。

```
//cartSagas.js
import {takeEvery, call, put } from 'redux-saga/effects';
import { CART_ITEM_PRODUCT_REQUEST,REMOVE_ITEM_FROM_CART_REQUEST } from
'./cartActions';

function* removeItemFromCart({ payload }) {
  try {
     yield put({ type:'REMOVE_ITEM_FROM_CART_LOADING' });
     const isSuccessfullyRemoved = yield call(
        { content:httpConfig, fn:httpConfig.removeItemFromCart },
        payload.itemId,
     );
     yield put({
        type:'REMOVE_ITEM_FROM_CART_SUCCESS',
        payload:{ isSuccessfullyRemoved },
     });
     yield put({ type:'CUSTOMER_CART_REQUEST' });
  } catch (error) {
     yield put({
        type:'REMOVE_ITEM_FROM_CART_FAILURE',
        payload:error.message,
     });
  }
}

function* getCartItemProduct(action) {
  ... //省略其他代码
}
```

```
export default function* watcherSaga() {
  //获取商品数据
  yield takeEvery(CART_ITEM_PRODUCT_REQUEST, getCartItemProduct);
  //删除指定商品
  yield takeEvery(REMOVE_ITEM_FROM_CART_REQUEST, removeItemFromCart);
}
```

从上面的代码可以看出，redux-saga 中间件其实就工作在 Action 事件发生之后，处理 Reducer 之前，它的目的就是执行一些异步任务。比如在此示例中，cartSagas 就是用来执行获取商品数据和删除指定商品的异步任务的。

同时，为了让中间件的 Saga 与 Redux 的 Store 对象建立连接，还需要用到 redux-saga 中间件的 run 函数，如下所示。

```
import {createStore, applyMiddleware} from 'redux';
import createSagaMiddleware from 'redux-saga';
import reducers from './cart/cartReducer';
import saga from './cart/cartSagas';

const sagaMiddleware = createSagaMiddleware();
const middlewares = [sagaMiddleware];

const store = createStore(reducers, applyMiddleware(...middlewares));
sagaMiddleware.run(saga);

export default store;
```

经过 redux-saga 中间件的处理后，当我们再次使用 getState 方法获取状态数据时就不会有任何的副作用问题了。

解决了跨组件或跨页面数据的同步问题之后，接下来就可以开发购物车功能了。在一些专业的大中型电商应用中，购物车可以是一个单独的模块。在本影城示例应用中，购物车的主要功能是展示和支付，因此我们将其设计成一个独立的弹窗，效果如图 6-18 所示。

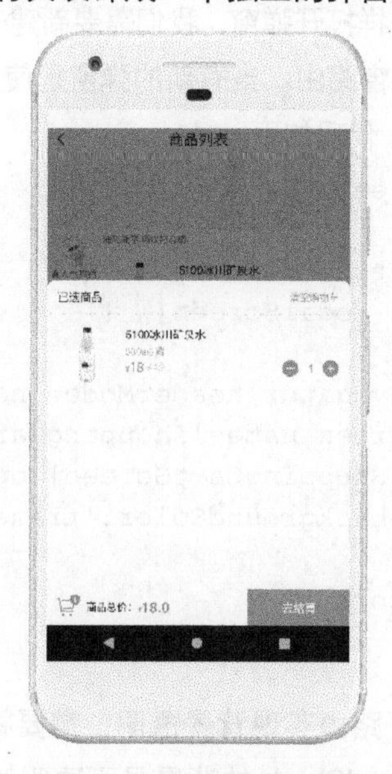

图 6-18 商品购物车效果

考虑到有多种场景都需要打开购物车，因此在实现购物车弹窗时，我们并不会直接使用Modal组件，而是使用透明路由的方式。

以上面的购物车路由为例，首先新建一个购物车页面，然后按照购物车的样式将页面拆分成阴影背景、商品列表和操作栏3个部分，代码如下。

```
const ShoppingCartScreen = () => {
    return (
        <View style={styles.container}>
            <TouchableOpacity onPress={goBack} style={styles.holder}/>
            <View style={styles.box}>
                ... //省略其他代码
            </View>
        </View>
    );
};
const styles = StyleSheet.create({
    container:{
        flex:1,
        justifyContent:'flex-end',
    },
    holder:{
        flex:1,
        backgroundColor:'rgba(0, 0, 0, 0.5)',
    },
    ...
});

export default ShoppingCartScreen;
```

可以看到，为了模拟弹窗的效果，我们特意为ShoppingCartScreen页面的背景设置了透明效果，并且布局方式使用的是相对布局。

同时，为了能够像打开路由一样打开弹窗，我们需要新建一个管理弹窗路由的ModalScreen组件，它的作用就是注册和管理弹窗路由。当有新的弹窗是使用路由的方式创建的时候，只需要在ModalScreen中注册一下即可，代码如下。

```
import {ShoppingCartScreen} from '../../screens'  //购物车路由

const ModalStack = createStackNavigator();
export default function ModalScreen() {
    return (
        <ModalStack.Navigator headerMode='none'>
        <ModalStack.Screen name='ShoppingCartScreen'
            component={ShoppingCartScreen} options={{
            cardStyle:{backgroundColor:'transparent'} }}/>
      ... //其他弹窗路由
   </ModalStack.Navigator>
    )
}
```

为了让ModalScreen中的子路由实现背景透明，需要将子路由的options属性设置成背景透明，因为在默认情况下，ModalStack的背景是不透明的。完成上述操作之后，我们还需要在应用级路由 react navigation 的 index.js 文件中注册 ModalScreen 组件，代码如下。

```
const RootStack = createStackNavigator();
const Navigator = () => {
    return (
        <NavigationContainer ref={navigationRef}>
            <RootStack.Navigator mode="modal" initialRouteName="Main">
                ... 省略其他代码
                <RootStack.Screen
                    name="ModalView"
                    component={ModalScreen}
                    options={{
                        headerShown:false,
                        cardStyle:{
                          backgroundColor:'transparent',
                          shadowColor:'transparent' },
                        cardStyleInterpolator:({current:{progress}}) => {
                          return {
                            overlayStyle:{
                              opacity:progress.interpolate({
                                inputRange:[0, 1],
                                outputRange:[0, 0.5],
                                extrapolate:'clamp', }),
                },
              } } }} />
              ...  //省略其他代码
            </RootStack.Navigator>
        </NavigationContainer>
    ) ;
};
```

同时，为了在打开路由的时候实现背景透明效果，还需要在最外层的路由组件中使用 cardStyleInterpolator 和 cardStyle 两个属性。其中，cardStyle 属性主要用来设置路由的样式，cardStyleInterpolator 属性则用来配置路由的过渡动画。

经过上面代码的处理之后，我们只需要像打开路由一样打开弹窗即可，如下所示。

```
navigate(' ModalView', {screen:'ShoppingCartScreen'})
```

事实上，对于场景不是很复杂的情况，我们可以使用 Modal 组件或者 react-native-root-siblings 插件来实现弹窗功能。对于业务稍微复杂的场景，我们就可以使用路由弹窗来实现。

6.4 国际化

所谓国际化，是指在软件设计和文档开发过程中，需要使软件和文档有能够处理不同语言和文化习俗的能力。换句话说，国际化要求开发者在设计应用时就考虑运行在不同的国家和地区的情况，并能够根据所在国家和地区进行语言切换。在移动类软件开发中，实现国际化的场景通常有以下两种：

- 识别手机系统语言，应用能够自动加载相应的语言文件；

- 允许用户在应用内手动切换语言，此种情况不需要保证应用语言与手机系统语言的一致性。

事实上，作为软件开发中最常见的需求之一，国际化在软件开发中无处不在，特别是在一些大型的工具类软件中。在React Native应用开发中，实现国际化需要用到react-native-i18n插件，安装命令如下。

```
npm install react-native-i18n --save
```

安装完成之后，在src目录下新建一个i18n目录，用来存放所有与国际化相关的资源文件。比如，如果我们需要适配中文和英文两种环境，那么就需要新建zh.js和en.js两个文件，如下所示。

```
export default {
  official:'官方网站',
  wechat:'微信',
  weibo:'微博',
};

export default {
  official:'Official WebSite',
  cgvLink:'www.cgv.com.cn',
  cgv:'CGV Official',
};
```

接着，新建一个index.js文件，用来统一管理不同语言文件的配置，如下所示。

```
import I18n from 'i18n-js';
import * as RNLocalize from 'react-native-localize';
import zh from './zh';
import en from './en';

const locales = RNLocalize.getLocales();
const systemLanguage = locales[0]?.languageCode;

if (systemLanguage) {
      I18n.locale = systemLanguage;
} else {
      I18n.locale = 'en'; // 默认语言为英文
}

I18n.fallbacks = true;
I18n.translations = {
     zh,
     en,
};

export function strings(name, params = {}) {
    return I18n.t(name, params);
}

export default I18n;
```

最后，在需要适配语言的页面中引入上面的文件，然后使用i18n-js插件提供的I18n.t

函数引入对应的字符串即可，如下所示。

```
import {strings} from '../../i18n'

<Text>{strings('copy')}</Text>
```

接下来，重新运行应用。手动切换手机的语言环境，就会看到应用的显示内容也发生了改变。需要说明的是，切换系统语言的过程中有可能会出现应用重启的情况，这属于正常现象，不必过多关注。

6.5 本章小结

眼下，面对竞争激烈的市场环境，电影人的观念也应有所转变，要谋先机、开新局，让创新迭代速度能跟上观众需求的升级步伐。和其他院线应用一样，本应用也在开展更多的非票业务，并逐步发展成非票业务为主、票务为辅的运营模式。

本章是实战项目的完善部分，主要围绕着活动、电影详情、电商 3 个模块进行讲解，并且在最后介绍了应用国际化的实现。当然，到目前为止，我们的开发仍然没有达到商业应用上线的水准，不过只要按照既定业务继续开发下去，就可以达到这样的水准。

习题

实践题

1. 根据已有的业务，完善其他功能，比如注册与登录模块、支付模块。
2. 在应用中集成推送服务，并使用户能够正常接收推送的消息。

第7章 热更新

7.1 热更新基础

7.1.1 热更新简介

热更新也叫作动态更新，是一种不需要重新下载和安装应用即可修复缺陷的更新方式。相比于传统的发版更新，热更新能够及时修复线上存在的问题，因此能够提高开发效率。

众所周知，在传统的移动应用开发流程中，如果线上版本出现问题，除了重新发版外，几乎无计可施。并且，就算新版本正常过审上线，要完全覆盖到用户，也需要至少2~3周的时间。为此，原生Android和iOS平台陆续推出了热修复技术，但是由于近年来Google和Apple官方对热修复技术的诸多限制，原生平台的热更新基本已经被放弃。

与原生移动应用开发所使用的技术不同，React Native使用的JavaScript语言天生就具备热更新的特性，这也是很多开发者选择它来开发移动应用的原因之一。由于JavaScript语言的这种特性，所以在使用React Native时我们无须考虑代码的合并和编译问题，只需要管理好代码资源包即可。

同时，在React Native的热更新流程中，需不需要执行热更新是由客户端决定的。判断的依据就是本地版本号和服务器的版本号，当服务器的版本号大于本地的版本号时，才会下载热更新包，然后执行资源包的合并。React Native热更新工作流程如图7-1所示。

虽然React Native具有热更新的能力，但是官方并没有提供一个标准热更新的方案。因为一个标准的热更新方案，需要同时统筹客户端和服务系统，比如热更新文件管理系统。

虽然官方没有提供标准的热更新方案，但是仍然有一些开源的方案可支持我们进行应用的热更新，比如pushy、CodePush、Expo等。除此之外，国内的携程、美团等公司也都开源了基于JsBundle拆分和加载的优化方案。不过，从稳定性、易用性和接入成本来说，能够直接使用的只有pushy、CodePush。

需要说明的是，由于Apple官方明令禁止使用JSPatch技术执行热更新，所以我们所说的热更新主要针对的是Android平台。

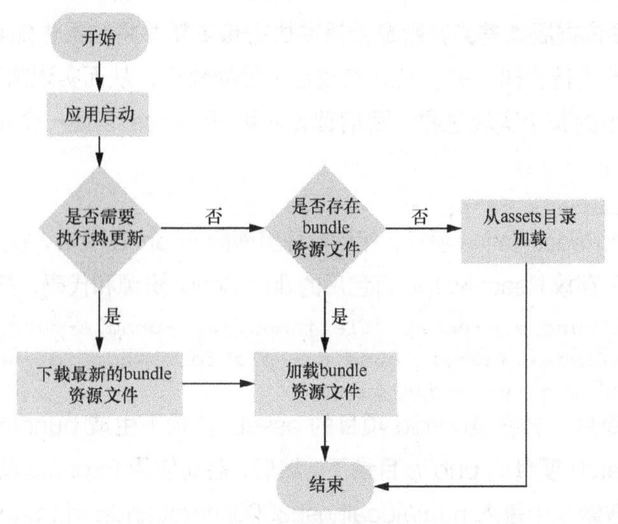

图 7-1 React Native 热更新工作流程

7.1.2 安装 Express

Express 是一个基于 Node.js 微服务的 Web 应用框架，提供一系列强大特性来帮助开发者创建各种 Web 应用。Express 不对 Node.js 已有的特性进行二次抽象，只是在它之上扩展了 Web 应用所需的功能。

由于 Express 具有来自 HTTP 工具和 Connect 框架的中间件的支持，因此开发者能够快速地创建 API。并且，Express 拥有大量的第三方插件和社区生态的支持，使用它不仅可以提高项目的开发效率，代码之间的耦合性也会大大降低。

使用 Express 技术搭建 Web 服务之前，需要先执行全局安装操作，命令如下。

```
npm install express-generator -g
```

安装完成之后，可以通过查看安装版本信息和帮助文档来验证是否安装成功。借助 Express 提供的 express-generator 模板生成工具，开发者可以快速地搭建 Web 应用的框架，命令如下。

```
express --view=ejs Server    //使用 ejs 模板创建 Server 应用
```

除了 ejs 模板，Express 还提供了 Handlebars、Pug 和 Hogan 等应用模板，开发时可以依据项目需要进行合理选择。然后，根据提示安装项目所需要的依赖包，命令如下。

```
cd Server
npm install
```

接下来，启动 Express 应用，命令如下。

```
DEBUG=server:* npm start              //Linux 系统
Set DEBUG=server:*  &  npm start     //Windows 系统
```

当然，不管是 Linux 系统还是 Windows 系统，都可以使用命令 npm start 来启动 Express 应用。启动成功之后，打开浏览器输入 http://localhost:3000，能正常打开则说明 Express 应用启动成功。

7.1.3 热更新模拟

在正常的热更新流程中，服务器端需要具备代码托管和下发能力。首先，由客户端执行热更新请求，服务器依据版本差异判断是否需要执行热更新并将结果告知客户端，客户端获取差分包数据后在本地执行代码合并，最后加载合并后的代码，从而实现热更新。

为了模拟热更新的整个实现过程，我们首先使用 Express 创建一个用于热更新的服务器 Web 项目，命令如下。

```
express --view=ejs hotpatch
```

接着，创建一个 React Native 项目，然后打开里面的 Android 项目，在对应的目录下新建一个 assets 文件，用于存放 React Native 打包后的 JavaScript 资源和代码，打包的命令如下。

```
react-native bundle --entry-file index.js --bundle-output ./android/app
/src/main/assets/index.android.bundle --platform android --assets-dest .
/android/app/src/main/res --dev false
```

执行上面的命令后，会在 Android 项目的 assets 目录下生成 bundle 资源文件，将这个资源文件放到 hotpatch 项目的 public 目录下。然后，启动使用 Express 框架创建的 hotpatch 项目，在浏览器的搜索框中输入 http://localhost:3000/index.android.bundle，如果 bundle 资源文件的下载操作开始执行，则表示服务器端启动成功。

众所周知，React Native 项目的 Android 入口是 index.js 文件。如果需要修改默认的加载路径，可以使用 MainApplication 类的 getJSMainModuleName 方法，如下所示。

```
private final ReactNativeHost mReactNativeHost =
        new ReactNativeHost(this) {
          ... //省略其他代码
          @Override
          protected String getJSMainModuleName() {
            return "http://localhost:3000/index.android.bundle";
          }
        };
```

经过修改后，Android 应用启动后加载的就是 Express 服务器的 bundle 资源文件的内容，而不是默认的本地资源包的内容。需要说明的是，如果是在真实的硬件设备上运行，则需要将代码中的 localhost 改为服务器的 IP 地址。

接下来，我们对项目中的 App.js 文件进行修改，将代码中的欢迎部分去掉，再使用资源打包命令重新执行打包操作，生成的包用来模拟差分包，然后将其部署到 Express 服务器中。重新启动 Android 应用，即可看到热更新后的效果。热更新前后对比如图 7-2 所示。

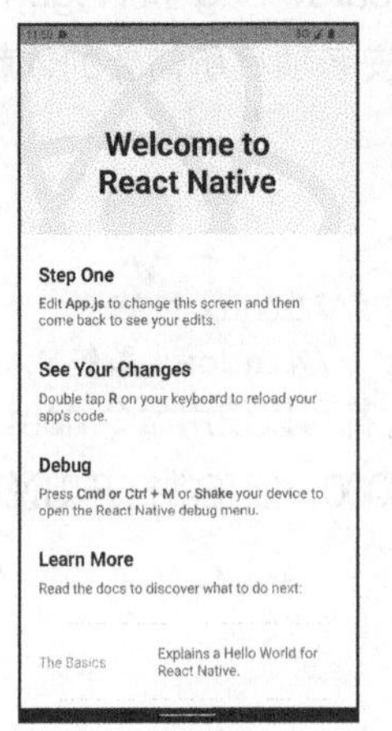

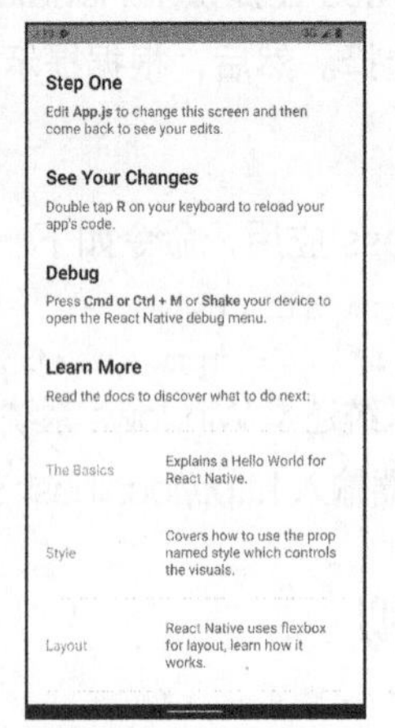

图 7-2 热更新前后对比

7.2 CodePush 热更新

7.2.1 CodePush 简介

相比于 React Native 社区的其他方案，我们推荐使用 CodePush 来搭建热更新服务，因为使用 CodePush 集成热更新服务相对简单，而且它在补丁包的管理方面也非常人性化。

CodePush 是 Microsoft 提供的一项可直接用于 React Native 和 Cordova 应用热更新的云服务。作为一个管理资源的中央仓库，CodePush 具备实时的推送热更新能力。开发人员在 CodePush 后台系统中发布某些热更新后，集成了 CodePush 的客户端在启动后就会执行热更新查询。这样一来，用户不需要重新执行打包、审核、发布操作即可轻松地解决线上版本的问题。

除此之外，CodePush 还具有如下特性：

- 支持对用户部署代码的直接更新；
- 能够管理 Alpha、Beta 和生产等多套环境；
- 支持 React Native 和 Cordova 等跨平台框架；
- 支持 JavaScript 代码文件与图片资源的更新。

7.2.2 安装与注册

使用 CodePush 之前，需要先安装 CodePush 命令行工具，为了能够全局使用命令行指令，直接在终端上执行如下命令进行安装。

```
npm install -g code-push-cli
```

安装完毕后，可以在终端输入 code-push -v 查看版本信息，如果正常输出版本信息则表示安装成功。接下来，在终端输入如下命令打开 App Center 的注册页面。

```
code-push register
```

当然，也可以直接打开 App Center 官网，然后点击创建新账号按钮打开图 7-3 所示的注册账号页面。

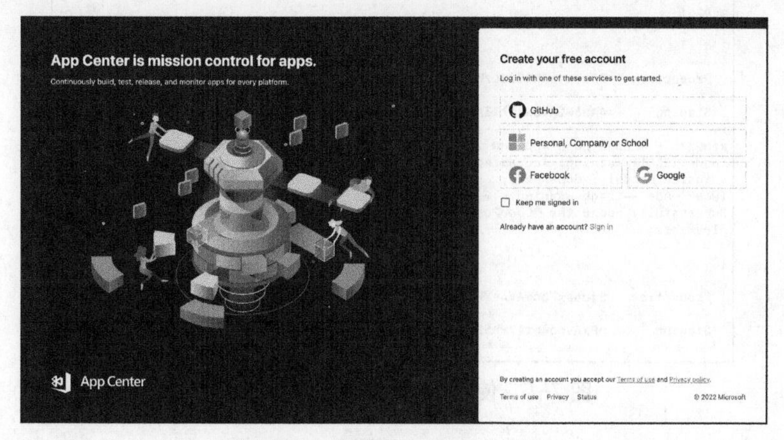

图 7-3 创建 CodePush 账号

除此之外，App Center 也支持使用 GitHub、Facebook、Google 通过联合登录方式来创建账号。成功登录之后，App Center 的后台系统会生成一个 access key，复制此码到终端即可完成注册，如图 7-4 所示。

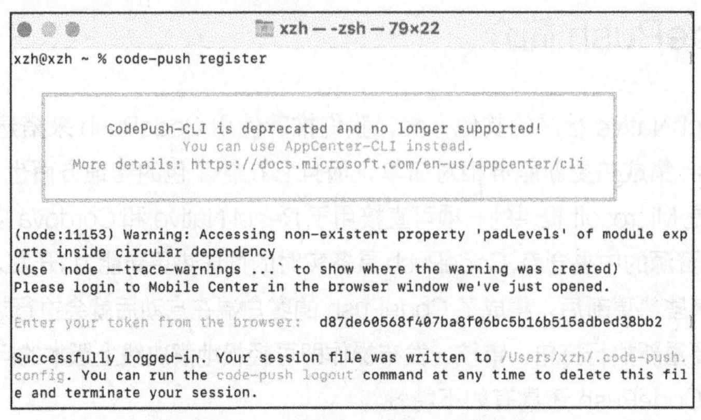

图 7-4 CodePush 账号注册与登录

除了 code-push register 命令外，CodePush 还支持如下命令。

- code-push login：登录 CodePush 后台系统。
- code-push loout：注销登录的 CodePush 账号。
- code-push access-key ls：列出设备本地的 access key。
- code-push access-key rm <accessKey>：删除指定的 access key。

接下来，为了使用 CodePush 实现应用的热更新，我们还需要向 CodePush 服务器创建热更新应用，在终端输入如下命令即可实现。

```
code-push app add <appName> <platform> react-native
```

其中，appName 为热更新应用的名称，platform 为热更新针对的平台（如 Android 或 iOS）。在终端执行应用的创建命令后，系统会给出创建成功的提示，如图 7-5 所示。

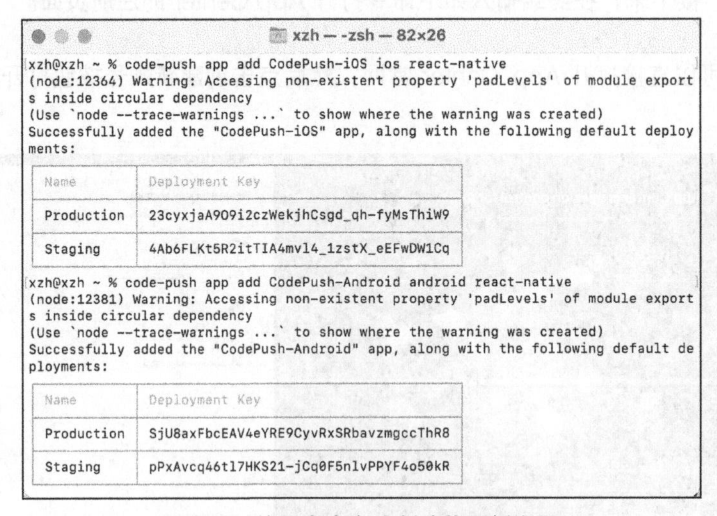

图 7-5 使用命令方式创建热更新应用

需要说明的是，使用命令方式创建热更新应用时需要指定热更新针对的平台是 Android

平台还是iOS平台。成功地向CodePush创建热更新应用后，系统会生成Production和Staging两个 Deployment key（部署密钥）。其中，Production 部署密钥用于正式环境，Staging 部署密钥则用于测试环境。

当然，我们也可以登录 App Center 的后台，使用 App Center 提供的可视化后台系统来创建热更新应用，如图 7-6 所示。

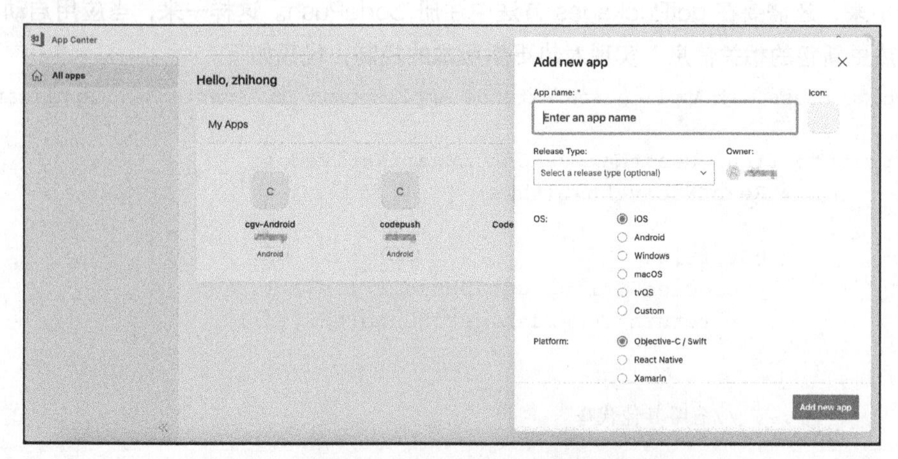

图 7-6 使用 App Center 后台创建热更新应用

除了 code-push app add 命令外，CodePush 还提供了如下一些命令来管理热更新应用。

- code-push app remove <appName>：在登录账号中移除某个存在的应用。
- code-push app rename：重命名某个存在的应用。
- code-push app list：列出登录账号下存在的所有应用。
- code-push app transfer：把 CodePush 中存在的应用的所有权转移到另一个账号。

不过，为了方便开发者快速地集成 CodePush，CodePush 社区提供了一个名为 cpcn-client 的桌面工具，它不仅可以帮助开发者快速地集成 CodePush 所需的软件环境，还支持热更新包的生成、管理和发布工作。

7.2.3 在原生 Android 项目中集成 CodePush SDK

为了能让客户端应用正常地接收热更新包，还需要在原生 Android 项目中集成 CodePush SDK。首先，在项目中使用如下命令安装 react-native-code-push 插件。

```
npm install --save react-native-code-push
```

接着，运行 link 命令将 react-native-code-push 插件添加到 Android 配置文件中，命令如下。

```
react-native link react-native-code-push
```

执行上面的命令后，终端会提示输入部署密钥，此时只需要将之前生成的 Staging key 输入，如果不输入也可以直接按【Enter】键跳过。

使用 Android Studio 打开原生 Android 项目，然后在 app/build.gradle 文件中添加如下代码。

```
apply from:"../../node_modules/react-native-code-push/android/codepush
.gradle"
```

接着打开 settings.gradle 文件，添加如下代码。

```
include ':react-native-code-push'
project(':react-native-code-push').projectDir = new File(rootProject.
projectDir, '../node_modules/react-native-code-push/android/app')
```

接下来，还需要在 getPackages 方法中注册 CodePush。这样一来，当应用启动时就可以获取热更新包的相关信息，实现对热更新版本的控制，代码如下。

```
public class MainApplication extends Application implements ReactApplication {

  private final ReactNativeHost mReactNativeHost =
      new ReactNativeHost(this) {

        @Override
        protected String getJSBundleFile() {
            return CodePush.getJSBundleFile();
        }

       ... //省略其他代码

       @Override
       protected List<ReactPackage> getPackages() {
         @SuppressWarnings("UnnecessaryLocalVariable")
         List<ReactPackage> packages = new PackageList(this).getPackages();
         packages.add(new CodePush("key", MainApplication.this));
         return packages;
       }
     };

   ... //省略其他代码
}
```

可以看到，在创建 CodePush 实例的时候需要设置一个部署密钥，并且此部署密钥需要区分生产环境与测试环境。同时，为了方便对部署密钥进行统一的管理，可以将它们配置在 local.properties 文件中，代码如下。

```
key_release=erASzHa1-wTdODdPJDh6DBF2Jwo94JFH08Kvb
key_debug=mQY75RkFbX6SiZU1kVT1II7OqWst4JFH08Kvb
```

然后，打开 app/build.gradle 文件，在原生 Android 项目的 buildTypes 节点中进行如下配置。

```
Properties properties = new Properties()
properties.load(project.rootProject.file('local.properties').newDataInput
Stream())

android {

    buildTypes {
        debug {
          ... //省略其他代码
        }
```

```
        release {
            buildConfigField "String", "CODEPUSH_KEY",
                '"'+properties.getProperty("key_production")+'"'
        }
    }
}
```

经过上面的处理后，我们在创建 CodePush 实例时引入 Deployment key 就需要进行如下的修改。

```
@Override
protected List<ReactPackage> getPackages() {
      @SuppressWarnings("UnnecessaryLocalVariable")
      List<ReactPackage> packages = new PackageList(this).getPackages();
  packages.add(new CodePush(BuildConfig.CODEPUSH_KEY, this));
      return packages;
}
```

需要说明的是，在进行版本检测的时候，CodePush 使用的是三位数，而默认的 Android 的 versionName 则是两位数，所以在热更新的时候需要注意。

7.2.4　在 iOS 项目中集成 CodePush

对于 iOS 平台来说，集成 CodePush 需要先在 Podfile 文件中添加依赖，如下所示。

```
pod 'CodePush', :path => '../node_modules/react-native-code-push'
```

在 iOS 项目的根目录下执行 pod install 命令添加插件依赖，安装过程中出现任何错误都可以依据错误提示进行解决，直到依赖的插件都正确安装为止。

接下来，使用 Xcode 打开项目，然后打开 AppDelegate.m 文件修改默认的资源加载逻辑，如下所示。

```
#import <CodePush/CodePush.h>

- (NSURL *)sourceURLForBridge:(RCTBridge *)bridge{
#if DEBUG
  return [[RCTBundleURLProvider sharedSettings]
jsBundleURLForBundleRoot:@"index" fallbackResource:nil];
#else
  return [CodePush bundleURL];
#endif
}
```

接着，打开 iOS 项目下的 Info.plist 文件，然后在 dict 节点里面添加热更新所需的配置参数，如下所示。

```
 <plist version="1.0">
 <dict>
     ... //省略其他配置

     <key>DeploymentKey</key>
<string>f6624d81-2a59-43cf-94ec-3d8c6e234408</string>
 </dict>
 </plist>
```

经过上面的配置后，CodePush 所需的原生 iOS 端的支持就配置完成了。接下来需要处理的就是新版本的生成和发布热更新。

7.2.5 生成新版本

完成 CodePush 所需要的原生客户端配置后，接下来就需要在 React Native 的应用层代码中添加检测热更新和下载热更新的逻辑。首先，在 VS Code 中打开项目的 App.js 文件，然后，在应用启动的时候添加热更新检测代码，如下所示。

```
import {cpcn} from 'cpcn-react-native/CodePush';

const App:() => Node = () => {
  const [upgradeState, setUpgradeState] = React.useState(0);
  const [upgradeReceive, setUpgradeReceive] = React.useState(0); //已下载字节数
  const [upgradeAllByte, setUpgradeAllByte] = React.useState(0); //总下载字节数

  React.useEffect(() => {
    checkUpdate();
  }, []);

  function checkUpdate() {
    cpcn.check({
      checkCallback:(remotePackage, agreeContinueFun) => {
        if (remotePackage) {
           setUpgradeState(1);
          }
      },
      downloadProgressCallback:dp => {
         setUpgradeReceive(dp.receivedBytes);
         setUpgradeAllByte(dp.totalBytes);
      },
      installedCallback:restartFun => {
         setUpgradeState(0);
         restartFun(true);
      },
    });
  }

  ... //省略其他代码
};
```

为了在应用启动的时候检测是否需要执行热更新，我们特意在 useEffect 生命周期中添加了一个检测方法，里面调用的是 CodePush 已经封装好的 check 函数。并且，该函数提供了多个回调函数，其中，我们能够用到的有 3 个，分别是 checkCallback、downloadProgressCallback 和 installedCallback，它们的含义如下。

- checkCallback：检查是否有新版本，有新版本时调用此回调函数。

- downloadProgressCallback：需要下载新版本时调用此回调函数。
- installedCallback：安装新版本时调用此回调函数。

接下来，为了方便用户顺利地操作更新，我们还需要对页面进行改造，主要是增加一个提示的弹窗和执行热更新的按钮，如下所示。

```
const App:() => Node = () => {
  const [upgradeState, setUpgradeState] = React.useState(0);
  const [upgradeReceive, setUpgradeReceive] = React.useState(0);
  const [upgradeAllByte, setUpgradeAllByte] = React.useState(0);

  function renderUpdateModal() {
    return (
      <Modal visible={upgradeState > 0} transparent={true}>
        <View style={styles.modal}>
          <View style={styles.content}>
            {upgradeState == 1 && (
              <View>
                <Text>发现新版本</Text>
                <Text>检测到新版本，单击按钮执行热更新</Text>
                <Button title="马上更新" onPress={upgradeContinue} />
              </View>
            )}
            {upgradeState == 2 && (
              <View>
                <Text>
                  {upgradeReceive} / {upgradeAllByte}
                </Text>
              </View>
            )}
          </View>
        </View>
      </Modal>
    );
  }

  return (
    <SafeAreaView style={backgroundStyle}>
      <ScrollView>
    ... //省略其他代码
        {renderUpdateModal()}
      </ScrollView>
    </SafeAreaView>
  );
};
export default App;
```

在上面的代码中，我们增加了一个升级提示对话框，此对话框的显示是有条件的，只有当 upgradeState 的值为 1 的时候才会显示，当 upgradeState 的值为 2 时显示的是下载进度条，而 upgradeState 的值是通过接口从 CodePush 服务中获取的。

7.2.6 发布热更新

接下来，为了验证热更新是否能正常运作，需要先制作热更新包，然后将热更新包发布到 CodePush 后台。目前，CodePush 发布热更新的方式有两种。一种是 code-push release-react 简化方式，格式如下。

```
code-push release-react <应用名称> <更新平台>
```

另一种是 code-push release 方式，相比于 code-push release-react 方式来说，此种方式更复杂一些，也能对热更新执行更多的限制，格式如下。

```
code-push release<应用名称><bundles 所在目录><应用版本> --deploymentName: 热更新环境 --description: 更新描述 --mandatory: 是否强制更新
```

不过为了更方便地发布热更新代码，此处使用的是 CodePush 中文官网提供的 cpcn-client 桌面工具。首先，打开 cpcn-client 桌面工具，接着选择项目文件夹，然后单击【发布新版本】按钮。等待命令执行完毕后，即可将生成的 bundle 资源文件和版本信息同步到 CodePush 后台，如图 7-7 所示。

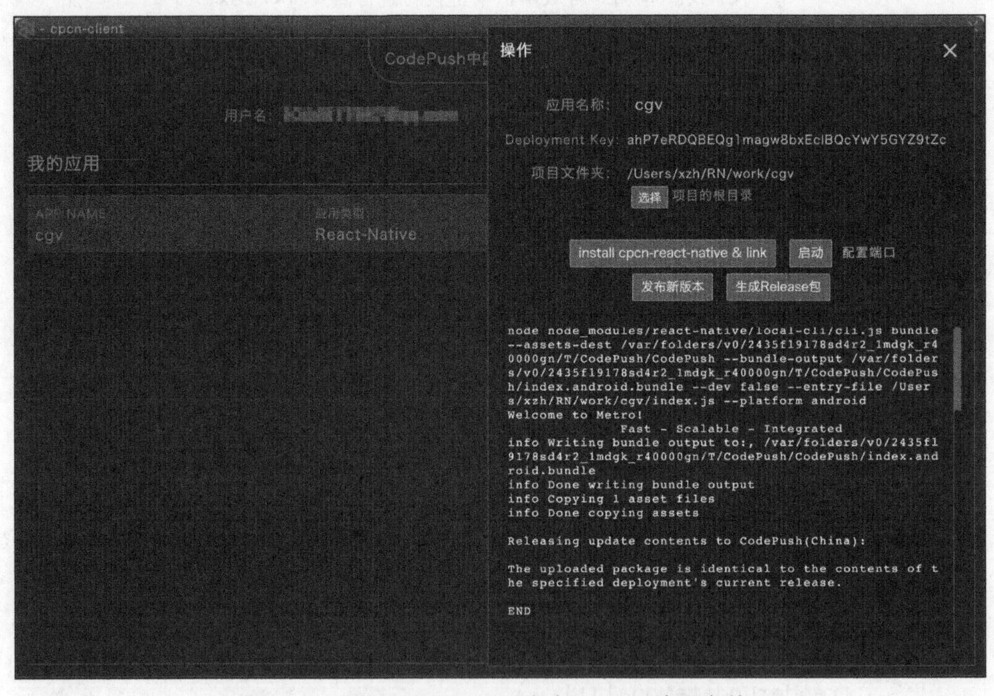

图 7-7 使用 cpcn-client 发布 bundle 资源文件

完成发布新版本操作后，cpcn-client 的控制台会输出打包和上传资源包的日志，并且在上传成功后还会给出相应的提示。接下来，当我们重新启动应用程序时就会收到升级新版本的提示，如图 7-8 所示。

当我们单击【马上更新】按钮时，就会调用下载函数执行文件的下载操作。由于示例应用需要更新的内容较少，所以下载过程几乎是一闪而过。当文件下载完之后应用会重启，重启后看到的就是最新版本的内容了。

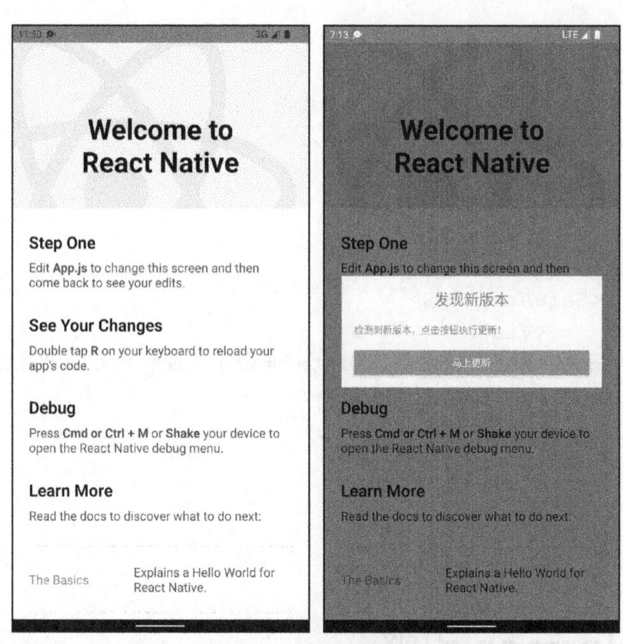

图 7-8　客户端收到升级新版本提示

7.2.7 用户行为分析

当应用发布之后，不管是小程序还是 Web 应用，开发者肯定会关心用户的使用情况、日活跃量和月活跃量等指标，而 cpcn-react-native 插件就提供了这样的用户行为分析功能。

事实上，除了提供 React Native 应用的热更新功能之外，cpcn-react-native 插件还提供针对不同类型的应用的用户行为分析功能，从而有针对性地对产品进行改进及进行更有效的营销活动。之所以能够提供这一功能，是因为 cpcn-react-native 插件集成了 Footprint 模块，Footprint 模块的主要作用就是提供数据埋点和上报功能。

由于 cpcn-react-native 插件已经集成了 Footprint 模块，所以不需要再额外安装该模块，使用时只需要在页面的类定义之前调用 useFootprint 函数启用 Footprint，如下所示。

```
import cpcn from 'cpcn-react-native';

React.useFootprint();
const App:() => Node = () => {
   ... //省略其他代码
}
```

可以看到，只需要上面几行代码，应用就拥有了日活跃用户、月活跃用户、时段活跃用户对比等数据分析的能力。如果要自定义埋点数据，可以使用 Footprint 模块提供的 footprint 埋点函数，使用方式如下。

```
React.footprint(key)
```

同时，footprint 函数支持自定义埋点，它的参数的 key 即埋点所需要的 key，参数的值则是一个 JSON 格式的字符串，如下所示。

```
const App:() => Node = () => {
```

```
    onPayPress() {
        pay(() => {
            React.footprint('支付成功');
        });
    }

    render() {
        return (
            <SafeAreaView>
                <View>
                <Button footprint="单击了支付" title="支付"
                onPress={onPayPress}/>
                </View>
            </SafeAreaView>
        );
    }
}
```

7.3 开启 Hermes 引擎

目前，最新版本的 React Native 已经默认开启了 Hermes 引擎。而 Hermes 则是专门针对 React Native 应用而优化的全新 JavaScript 引擎，启用 Hermes 引擎可以缩短启动时间，减少内存占用和空间占用。

如果我们打开 React Native 项目的 Android 源码，在 app/build.gradle 文件中就会看到如下的代码。

```
if (enableHermes) {
      def hermesPath = "../../node_modules/hermes-engine/android/";
      debugImplementation files(hermesPath + "hermes-debug.aar")
      releaseImplementation files(hermesPath + "hermes-release.aar")
} else {
    implementation jscFlavor
 }
```

上面代码的含义是，如果开启就采用 Hermes 引擎，如果未开启则使用以前的 jsc 引擎。所以，如果需要开启 Hermes 引擎，只需要将 enableHermes 属性值设置成 true。

```
project.ext.react = [
    entryFile:"index.js",
    enableHermes:true
]
```

如果要在 iOS 平台启用 Hermes 引擎，我们只需要打开 ios/Podfile 文件，然后将 hermes_enabled 属性设置为 true 即可。

```
use_react_native!(
   :path => config[:reactNativePath],
   :hermes_enabled => true
)
```

同时，我们还可以在 JavaScript 代码中使用 HermesInternal 全局变量来验证是否正在使用 Hermes 引擎，如下所示。

```
const isHermes = () => !!global.HermesInternal;
```

在传统的热更新方案中，实现热更新需要使用 CodePush 等开源方案。热更新包的发布有两种方式，分别是打 bundle 资源文件后自动上传和先打 bundle 资源文件再通过命令上传。

如果使用自动上传，应用启动时首屏加载的速度通常会很慢，甚至会出现白屏。这是因为生成的 bundle 资源文件只通过 babel 编译转码，还经过了 JavaScript 的压缩和削减，代码的执行效率并不高。而开启 Hermes 引擎后，可以执行纯文本的 JavaScript 代码，因此执行效率也会明显提高。

当然，开启 Hermes 引擎后，打补丁包的流程也会有一些改变。首先，我们需要在项目中安装 hermes-engine。

```
npm i hermes-engine
```

接着，使用下面的命令将已经打好的 bundle 资源文件转换成字节码文件。

```
cd node_modules/hermes-engine/osx-bin      //切换到 osx-bin
./hermesc -emit-binary -out index.android.bundle.hbc app/bundles/index.
android.bundle
```

然后将 index.android.bundle.hbc 重命名成 index.android.bundle 并替换之前默认的 bundle 资源文件，最后使用命令执行新的 bundle 热更新包的发布。

开启 Hermes 引擎后，当下次执行热更新的时候，首次加载的速度相比之前不开启 Hermes 引擎会有明显的提升，特别是 bundle 资源文件比较大的时候。

7.4 本章小结

与其他跨平台技术不同，由于 React Native 应用层开发使用的是 JavaScript 语言，它天生就支持热更新，因此很多开发者选择 React Native 来进行移动应用开发。不过，因为至今官方都没有一个标准的热更新方案，所以如果项目中有热更新的需求，需要借助 pushy、CodePush 等热更新方案。

本章的核心就是应用的热更新，主要围绕热更新的基础与流程和开源 CodePush 热更新框架进行讲解，最后还说明了在开启 Hermes 引擎之后如何进行热更新。

习题

实践题

1. 熟悉热更新的流程，使用 Express 模拟热更新效果。
2. 在项目中集成 CodePush 并推送热更新，实现补丁修复。

第 8 章 应用打包与发布

当 React Native 应用功能开发完成之后，接下来就是对应用进行打包和发布。由于使用 React Native 技术开发的应用在运行时需要依赖原生操作系统的环境，所以在执行 React Native 应用打包操作时，还需要针对 Android 和 iOS 平台分别进行打包，然后才能发布到它们各自的应用市场。

8.1 应用配置

8.1.1 更改 Android 配置

为了能够让应用正常上线并运行，在正式打包、上线之前，还需要更改原生 Android、iOS 平台的默认配置，如应用图标、名称、启动页等。

首先，使用 Android Studio 打开 React Native 项目的原生 Android 部分，然后打开 res/values/strings.xml 文件修改 app_name 的值，app_name 代表的就是应用在桌面显示的名称。

接着，打开 AndroidManifest.xml 文件，将 android:icon 的值替换成应用真正的图标。同时，为了适配不同分辨率的机型，我们需要在 mipmap 的不同分辨率文件中都放一套图标。

在很多移动应用中，我们会看到应用冷启动的时候出现的启动页。默认情况下，React Native 是没有添加启动页配置的，如果应用开发中有这个需要，就需要手动进行配置。在 React Native 项目中，添加启动页需要用到 react-native-splash-screen 插件。

如果项目中还没有安装这个插件，那么需要先在项目中安装 react-native-splash-screen 插件。然后打开原生 Android 项目，在 android/settings.gradle 文件中添加如下代码。

```
include ':react-native-splash-screen'

project(':react-native-splash-screen').projectDir = new File(rootProject
.projectDir, '../node_modules/react-native-splash-screen/android')
```

再在 app/build.gradle 文件的 dependencies 节点中添加如下依赖。

```
implementation project(':react-native-splash-screen')
```

接着，打开 MainApplication 文件，在 getPackages 方法中注册闪屏插件，如下所示。

```
@Override
protected List<ReactPackage> getPackages() {
```

```
        List<ReactPackage> packages = new PackageList(this).getPackages();
        packages.add(new SplashScreenReactPackage());
        return packages;
    }
```

需要说明的是，以上步骤都是在安装插件时由系统自动添加依赖，如果 Android 项目中没有自动添加上面的依赖，可以使用上面的方式手动进行添加。

完成上面的配置后，需要在 MainActivity 文件的 onCreate 方法中添加初始化启动页的方法，如下所示。

```
@Override
protected void onCreate(Bundle savedInstanceState) {
  SplashScreen.show(this, true);
  super.onCreate(savedInstanceState);
 }
```

接着在 app/src/main/res 文件夹下创建一个名为 launch_screen.xml 的启动页文件，在里面添加启动页的背景。

```
<?xml version="1.0" encoding="utf-8"?>
<RelativeLayout xmlns:android="http://schemas.android.com/apk/res/android"
    android:layout_width="match_parent"
    android:layout_height="match_parent"
    android:orientation="vertical">

    <ImageView
        android:layout_width="match_parent"
        android:layout_height="match_parent"
        android:scaleType="centerCrop"
        android:src="@mipmap/launch_screen" />
</RelativeLayout>
```

需要说明的是，在原生客户端添加启动页配置后，还需要在 React Native 应用的 JavaScript 端更改应用的启动逻辑。完成上述操作后，再次启动 Android 应用就可以看到启动页。

8.1.2 更改 iOS 配置

和 Android 平台一样，修改 iOS 平台的默认配置也需要在原生项目中进行。首先，使用 Xcode 打开 React Native 项目的原生 iOS 部分，然后打开 info.plist 文件，并将里面 Bundle name 的值修改成应用的名称。

接着，打开 iOS 项目下的 Images.xcassets 文件夹，然后按照要求配置应用图标，如图 8-1 所示。

可以看到，为了适配不同设备的分辨率，AppIcon 需要提供多套大小不同的图标。事实上，除了应用的图标，原生 iOS 项目用到的所有图标都需要放在这个文件夹中。

修改完应用的名称和图标之后，接下来就是在 iOS 应用中添加启动页。由于我们已经在 React Native 项目中安装了 react-native-splash-screen 插件，所以只需要打开原生 iOS 项目配置启动背景图片即可。

首先，在 Images.xcassets 文件夹下创建一个 LaunchImage 文件用来添加启动页背景。

然后，打开 AppDelegate.m 文件，添加初始化 react-native-splash-screen 插件的方法。

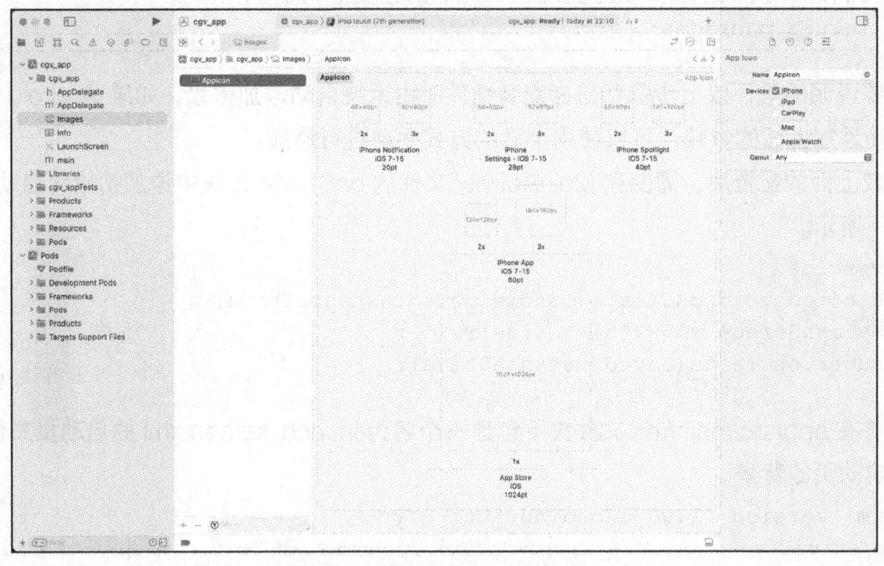

图 8-1 配置 iOS 的应用图标

```
#import "RNSplashScreen.h"

- (BOOL)application:(UIApplication *)application didFinishLaunchingWith
Options:(NSDictionary *)launchOptions{
    ...
    [RNSplashScreen show];
    return YES;
}
```

最后，选中 iOS 项目，单击【General】，在 App Icons and Launch Images 选项区域，将 Launch Screen File 设置成 LaunchImage，如图 8-2 所示。

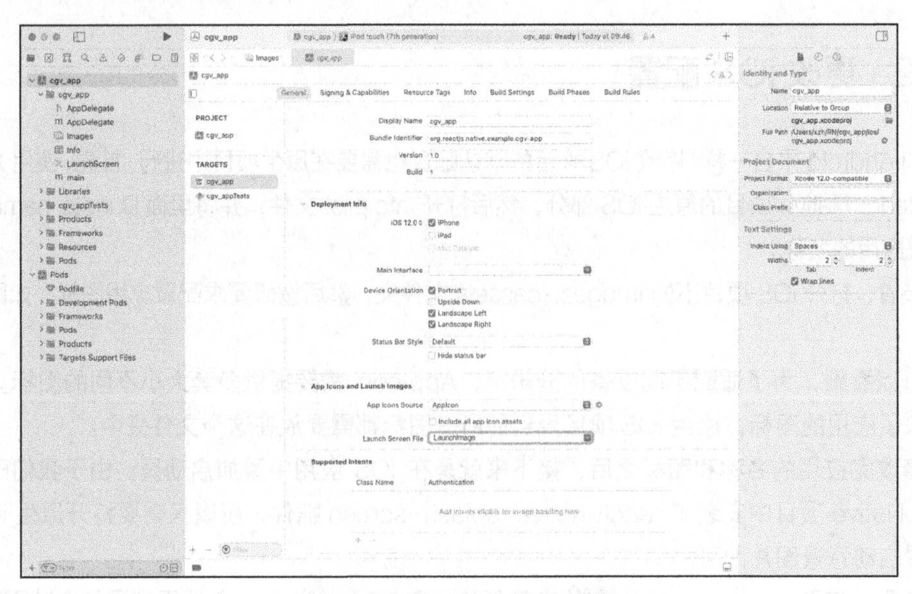

图 8-2 修改 iOS 的启动页背景

8.2 发布 Android

8.2.1 生成签名文件

为了保证每个应用的合法性和安全性，防止其他开发者使用相同的包名来混淆与替换已安装的程序，Google 官方要求开发者在发布 Android 应用前对 APK 文件进行统一签名，以保证应用的唯一性和一致性。

通常，Android 的应用安装包分为 Debug 和 Release 两种，Debug 包用于开发调试，Release 包用于对外发布。并且，不管是 Debug 包还是 Release 包，都需要使用 Android 的签名文件进行签名后才能被安装到移动设备上。

所以，发布 Android 应用的第一步就是生成 Android 签名文件，生成签名文件可以使用命令行和 Android Studio 可视化工具两种方式。其中，使用命令行方式生成签名文件时需要用到 keytool 工具，命令如下。

```
keytool -v -genkey -keystore 路径.keystore -alias mykey -validity 20000
```

相比命令行方式来说，使用 Android Studio 可视化工具方式生成签名文件要方便许多。打开 Android Studio，然后依次选择【Build】→【Generate Signed Bundle/APK...】→【Create New Key Store】即可打开创建签名文件的页面，如图 8-3 所示。

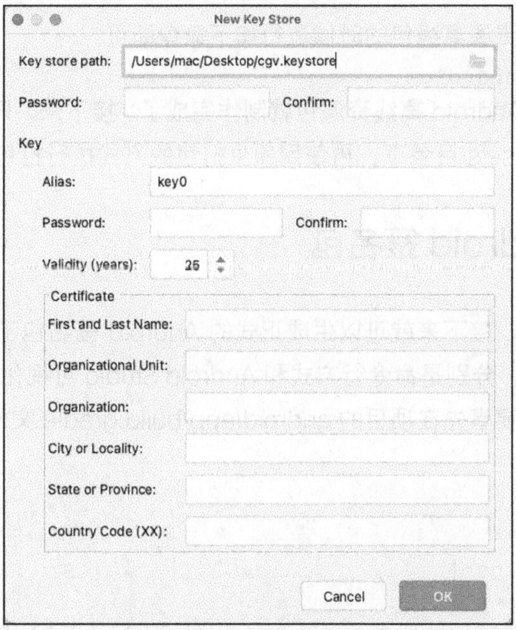

图 8-3 创建 Android 签名文件

然后，按照创建签名文件要求填写对应的信息，并且注意保存填写的账号和密码。需要说明的是，签名的 Key 和密码都是非常敏感的数据，需要妥善保存。

8.2.2 生成 Android 资源文件

众所周知，React Native 之所以能够实现跨平台开发，是因为应用层的页面开发都是使用 JavaScript 来完成的，然后通过平台自带的渲染器执行渲染工作。不过需要说明的是，由于渲染使用的是平台组件，所以同一套代码在 Android 和 iOS 平台渲染出来的结果可能会有差异。

同时，为了避免应用启动后出现白屏的情况，还需要将生成的 React Native 离线资源包放到 Android 项目的 assets 目录下。在 React Native 应用开发中，生成资源 bundle 资源文件可以使用命令行和配置脚本两种方式。对于命令行方式来说，只需要在 React Native 项目的根目录下执行如下的命令即可生成 Android bundle 资源文件。

```
npx react-native bundle --entry-file index.js --dev false --minify false
 --bundle-output ./build/index.bundle --assets-dest ./build --dev false
```

执行上面的打包命令后，系统会在 assets 目录下生成 index.android.bundle 资源包文件。生成 Android 签名包后，当启动 Android 应用时，就会默认去加载这个离线包里面的资源。除此之外，我们也可以在 package.json 配置文件中添加脚本来实现资源打包，命令如下所示。

```
"scripts":{
    ... //省略其他代码
    "bundle-android":"react-native bundle --entry-file index.js --bundle-
output ./android/app/src/main/assets/index.android.bundle --platform android
--assets-dest ./android/app/src/main/res --dev false"
  },
```

然后，在需要生成资源离线包的时候运行如下命令即可。

```
npm run bundle-android
```

经过上面的操作，Android 离线资源包就制作完成了。接下来，只需要将生成的资源包复制到 Android 项目的 assets 目录下，再使用原生打包的方式执行打包操作即可。

8.2.3 生成 Android 签名包

完成上面的操作后，接下来就可以生成正式的 Android 签名包了。生成 Android 签名包主要可以使用两种方式，分别是命令行方式和 Android Studio 可视化工具方式。

使用命令行方式需要事先在项目的 android/app/build.gradle 文件中添加签名配置，如下所示。

```
android {
    ...
    signingConfigs {
        release {
            if (project.hasProperty('MYAPP_RELEASE_STORE_FILE')) {
                storeFile file(MYAPP_RELEASE_STORE_FILE)
                storePassword MYAPP_RELEASE_STORE_PASSWORD
                keyAlias MYAPP_RELEASE_KEY_ALIAS
                keyPassword MYAPP_RELEASE_KEY_PASSWORD
```

```
                }
            }
        }
        buildTypes {
            release {
                ...
                signingConfig signingConfigs.release
            }
        }
    }
```

然后，在终端中运行 gradlew 命令即可生成 Android 签名包，如下所示。

```
cd android
./gradlew assembleRelease
```

并且，assembleRelease 参数会把所有用到的 JavaScript 代码和资源都打包到一起，然后内置到 APK 包中。如果开发者需要调整默认的资源打包路径，可以在 android/app/build.gradle 文件中进行修改。

除了命令行方式外，我们还可以使用 Android Studio 可视化工具的方式来进行打包。首先，使用 Android Studio 打开 Android 项目，然后单击工具栏的【Build】→【Generate Signed Bundle or APK】打开签名配置页面，如图 8-4 所示。

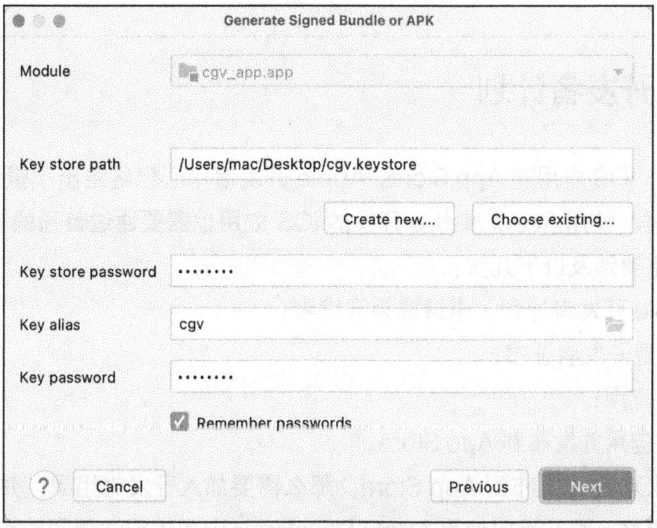

图 8-4 签名配置页面

在 Key store path 中填入生成的签名文件路径，然后填写其他信息，单击【Next】按钮进入签名输出版本和生成包路径配置页面，如图 8-5 所示。

如果没有任何错误，便会在项目的 android/app 目录下生成对应的签名包，接着按照应用市场的要求生成渠道包并上传到对应的应用市场。

需要说明的是，默认情况下，生成的 APK 会同时包含针对多种 CPU 架构的原生代码，其目的是使之能运行在所有的 Android 设备上。但是，这会导致包异常得大，考虑到目前 Android 设备绝大多数是 ARM（Advanced RISC Machine，进阶精简指令集机器）架构，因此可以在生成签名包的时候去掉 x86 架构的支持。

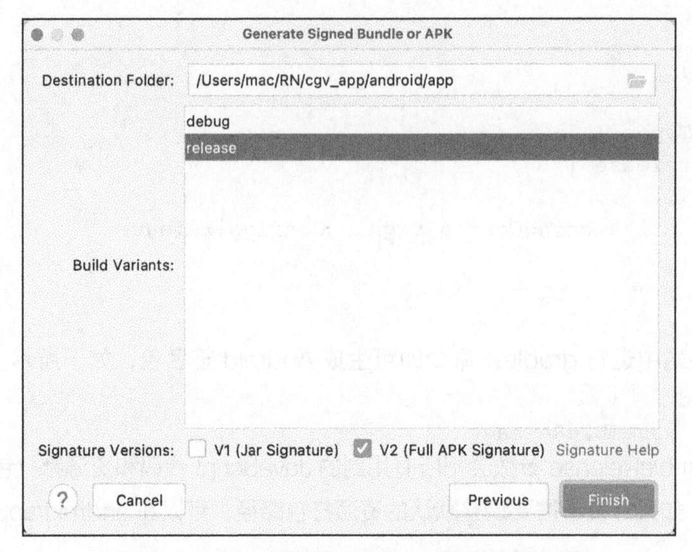

图 8-5 签名输出版本和生成包路径配置页面

8.3 发布 iOS

8.3.1 加入开发者计划

关于如何发布 iOS 应用到 App Store，Apple 开发者中心已经给出了很详细的说明。和普通的 iOS 应用一样，使用 React Native 开发的 iOS 应用也需要通过普通的 iOS 应用的发布流程，总的来说，主要涉及以下几步：

- 加入 Apple 开发者计划，申请成为开发者；
- 生成和配置开发者证书；
- 打包 iOS 应用；
- 上传 iOS 应用并发布到 App Store。

如果想要将 iOS 应用发布到 App Store，那么需要加入开发者组织，并且拥有会员资格。如果还没有会员资格，那么可以使用 Apple Developer 应用进行注册和购买。

同时，加入 Apple 开发者计划需要给 Apple 支付一定的费用。其中，个人开发者账号和公司开发者账号每年需要支付 99 美元，企业开发者账号每年需要支付 299 美元，它们的区别如下。

- 个人开发者账号：99 美元一年，开发的应用可以在 App Store 上架，开发者显示的是个人的 ID，真机调试最多允许 100 台 Apple 设备，一般提供给个人或者小公司使用。
- 公司开发者账号：99 美元一年，开发的应用可以在 App Store 上架，可以自定义显示团队名称，最重要的是公司开发者账号可以允许多个开发者协作开发，能够给多个开发者设置不同的权限。
- 企业开发者账号：299 美元一年，一般用在企业内部，且不需要在 App Store 上架的场景中，对设备数量没有任何限制。

8.3.2 证书配置

众所周知，为了保障 iOS 应用在 iOS 设备上正常地运行，Apple 官方要求开发者在运行 iOS 应用前配置证书。iOS 的证书可以分为开发证书和发布证书，开发证书通常用在 iOS 开发环境中，发布证书则是在将应用提交给 App Store 时才会用到。

不管是开发证书还是发布证书，生成证书配置都需要经历以下几个步骤：

- 申请钥匙串证书，即密钥文件；
- 登录 iOS 开发者账号，创建 App ID；
- 注册开发者真机调试的设备；
- 创建 Certificates 证书，这主要用于帮助 Apple 服务器识别计算机是否使用密钥文件进行签名；
- 创建 Provisioning Profiles 证书，这主要用于 Xcode 使用密钥文件进行 IPA 签名；
- 下载 Certificates 证书和 Provisioning Profiles 证书并进行安装操作。

首先，打开计算机实用工具下的钥匙串访问应用，然后依次单击【钥匙串访问】→【证书助理】→【从证书颁发机构请求证书】，进入钥匙串证书申请流程，如图 8-6 所示。

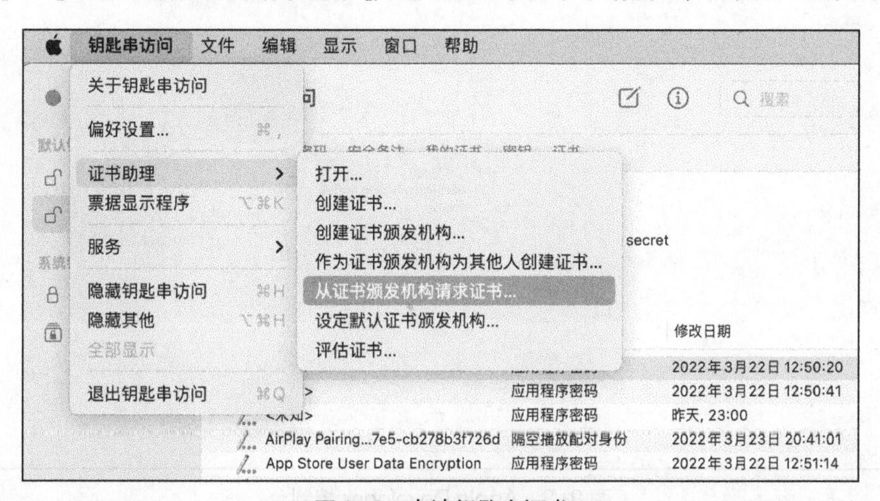

图 8-6 申请钥匙串证书

接着，在证书助理对话框填写相关信息，选择【存储到磁盘】选项，将生成的钥匙串证书保存到计算机桌面或其他位置备用，如图 8-7 所示。

接下来，登录 Apple Developer 控制台，如图 8-8 所示，然后选择【Certificates,IDs & Profiles】选项依次进行发布证书、App ID 和配置文件的配置。

如果还没有生成发布证书，那么可以单击【Certificates】，然后单击加号按钮创建发布证书，如图 8-9 所示。

接着，在创建发布证书页面选择【iOS App Development】选项，然后单击【Continue】进入证书生成页面。此时，系统会要求我们上传一个证书签名文件，打开前面生成的钥匙串证书即可生成发布证书，如图 8-10 所示。

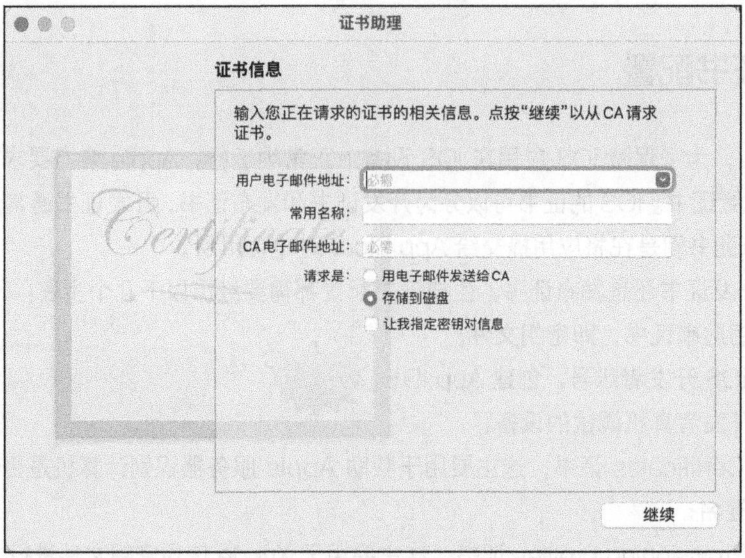

证书助理

证书信息

输入您正在请求的证书的相关信息。点按“继续”以从 CA 请求证书。

用户电子邮件地址：必需

常用名称：

CA 电子邮件地址：必需

请求是：用电子邮件发送给 CA

存储到磁盘

让我指定密钥对信息

继续

图 8-7　填写证书信息

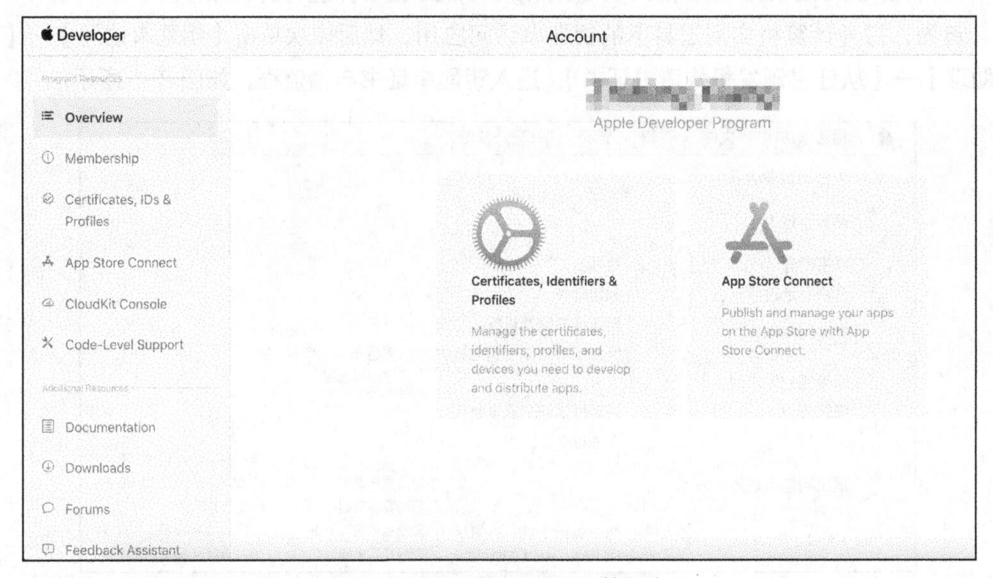

图 8-8　Apple Developer 控制台

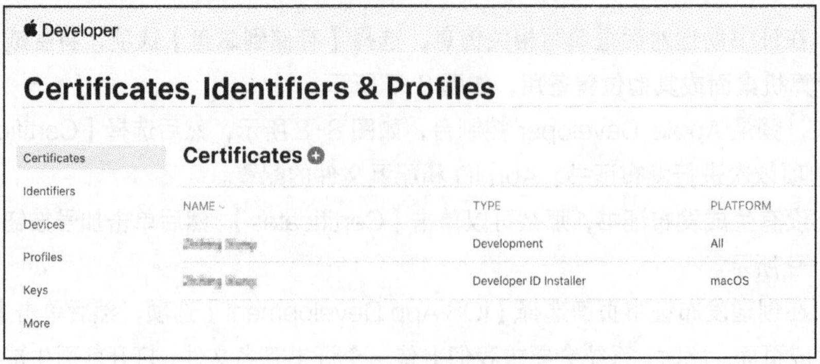

Developer

Certificates, Identifiers & Profiles

Certificates	NAME	TYPE	PLATFORM
Identifiers		Development	All
Devices		Developer ID Installer	macOS
Profiles			
Keys			
More			

图 8-9　创建发布证书

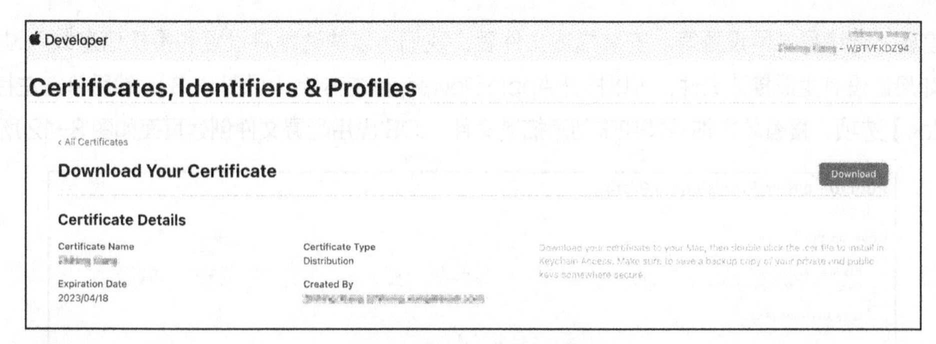

图 8-10　生成发布证书

下载生成的发布证书，然后双击它即可将它安装到计算机中。除此之外，如果 iOS 应用中有推送的需求，那么还需要创建推送证书。推送证书的创建可以单击【Push Notification】选项的【Edit】按钮，然后按照说明进行创建。

8.3.3　注册 App ID

App ID 是 Apple 开发者计划的一部分，主要用来标识一个或一组 iOS 应用，也是区别其他 iOS 应用的唯一标识，在项目中又被称为 Bundle ID。如果用户还没有在 Apple 开发者中心注册 App ID，可以打开 Apple Developer 控制台，然后在【Certificates, Identifiers & Profiles】面板中注册 App ID，如图 8-11 所示。

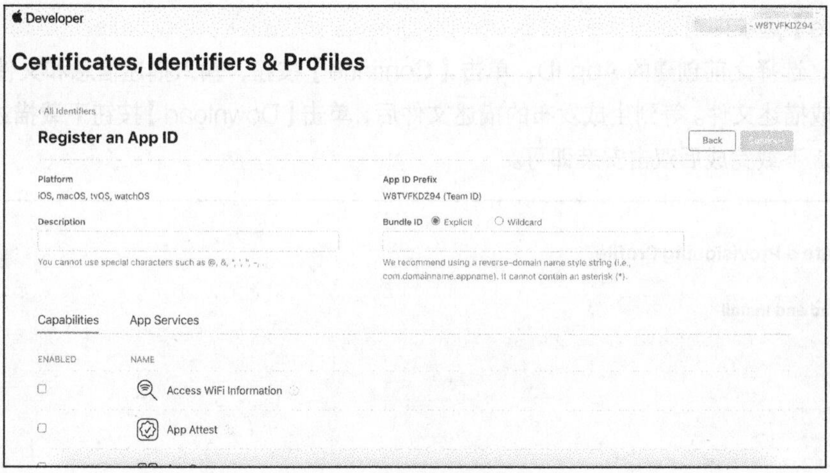

图 8-11　注册 App ID

注册 App ID 需要填写 Description 和 Bundle ID 两项。其中，Description 是应用的一些描述信息，Bundle ID 是应用的唯一标识，可以直接从 Xcode 中复制过来。

8.3.4　描述文件

描述文件是 iOS 系统特有的配置文件，包含 iOS 设备的授权信息，如安全策略和限制、系统配置信息、无线局域网设置等。安装描述文件后，我们可以快速地将设置和授权信息载入设备。

如果还没有生成描述文件，可以打开 Apple Developer 控制台（见图 8-8），然后单击左栏中的【Profiles】选项，接着单击加号按钮来创建描述文件。iOS 应用配置文件创建页面如图 8-12 所示。

Register a New Provisioning Profile

Development

iOS App Development
Create a provisioning profile to install development apps on test devices.

tvOS App Development
Create a provisioning profile to install development apps on tvOS test devices.

macOS App Development
Create a provisioning profile to install development apps on test devices.

Distribution

Ad Hoc
Create a distribution provisioning profile to install your app on a limited number of registered devices.

tvOS Ad Hoc
Create a distribution provisioning profile to install your app on a limited number of registered tvOS devices.

App Store
Create a distribution provisioning profile to submit your app to the App Store.

tvOS App Store
Create a distribution provisioning profile to submit your tvOS app to the App Store.

Mac App Store
Create a distribution provisioning profile to submit your app to the Mac App Store.

Developer ID

图 8-12　iOS 应用配置文件创建页面

其中，Development 用于创建开发环境的描述文件，Distribution 则用于生成测试环境和正式环境的描述文件。由于我们要将应用发布到 App Store，所以此处在创建描述文件时选择【App Store】选项即可。

接着，选择之前创建的 App ID，单击【Continue】按钮，输入描述信息和文件名称等信息即可生成描述文件。等到生成发布的描述文件后，单击【Download】按钮下载描述文件（见图 8-13），下载完成后双击安装即可。

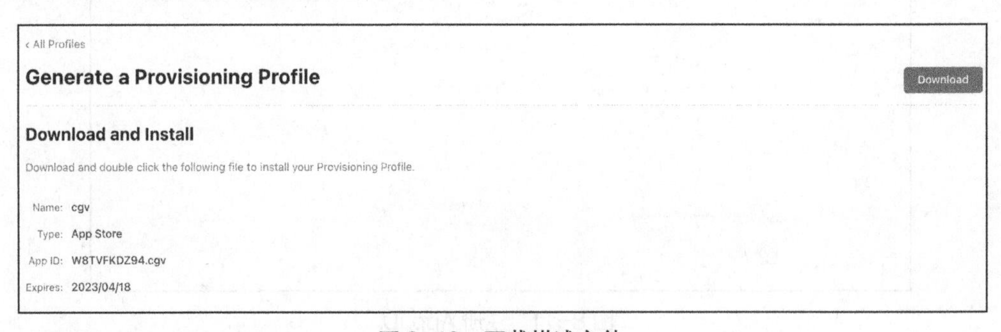

图 8-13　下载描述文件

8.3.5 生成 iOS 资源文件

和 Android 打包一样，为了保障 iOS 应用正常运行，在正式打包之前，我们需要先将 JavaScript 代码、图片等生成资源包，并将资源包复制到 iOS 项目的 assets 目录中，然后才能执行 iOS 打包。

在 React Native 应用开发中，生成 iOS bundle 资源文件可以使用命令行和配置脚本两种方式。对于命令行方式来说，只需要在 React Native 项目的根目录下执行如下命令即可生成 iOS bundle 资源文件。

```
react-native bundle --entry-file index.js --platform ios --dev false --
bundle-output ./ios /index.ios.bundle --assets-dest ./ios/assets
```

除此之外，我们也可以在 package.json 配置文件中添加脚本来实现资源打包，脚本如下。

```
"scripts":{
    ...  //省略其他代码
    "bundle-ios":" node node_modules/react-native/local-cli/cli.js bundle
 --entry-file index.js --platform ios --dev false --bundle-output ./ios/index
.ios.bundle --assets-dest ./ios/ assets ",
  },
```

然后，执行如下命令即可生成离线资源包。

```
npm run bundle-ios
```

命令执行完成之后，会在 iOS 项目的 assets 根目录下生成一个名为 index.ios.bundle 的资源包。

8.3.6 打包 iOS 应用

把证书配置好后，接下来就要打包 iOS 应用了，其打包方式和原生 iOS 应用的打包方式是一样的。首先，使用 Xcode 打开项目，然后选中根目录，接着选中【Signing & Capabilities】，在 Signing 中配置开发者证书和账号等信息，如图 8-14 所示。

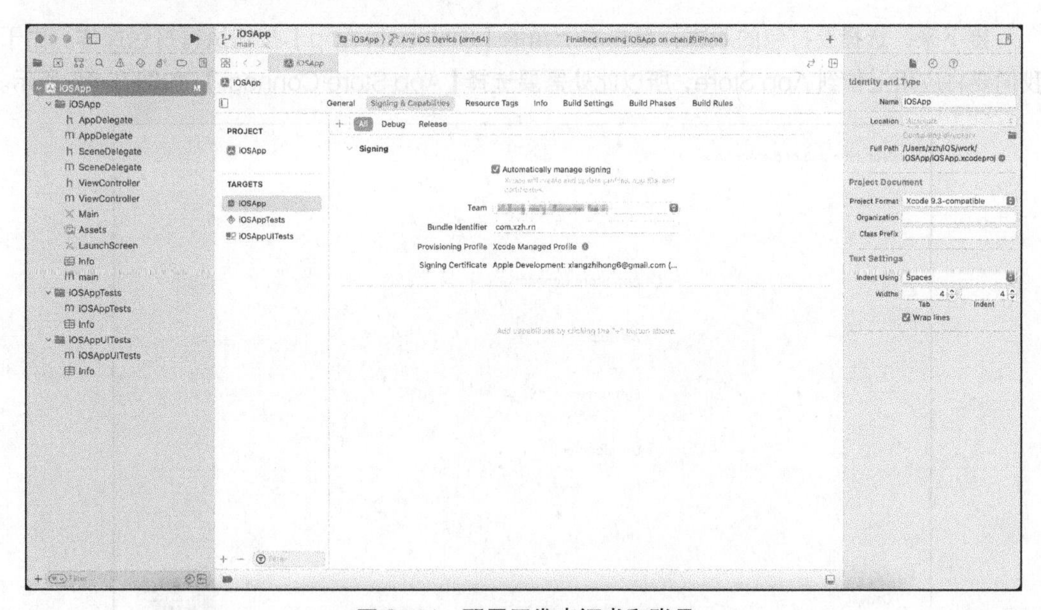

图 8-14 配置开发者证书和账号

为了能够正常打包并上架 iOS 应用，Apple 官方要求开发者在打包之前至少要在真机上运行应用并通过，不然打包时会报一个“There are no devices registered in your account on the developer website”（您的账户中没有登录的设备）的错误。

完成上述操作后，将要编译的设备选为真机或者 Generic iOS Device 执行资源文件归档操作。接下来，选择 Xcode 顶部工具栏的【Products】选项中的【Archives】，执行打包操作，如图 8-15 所示。

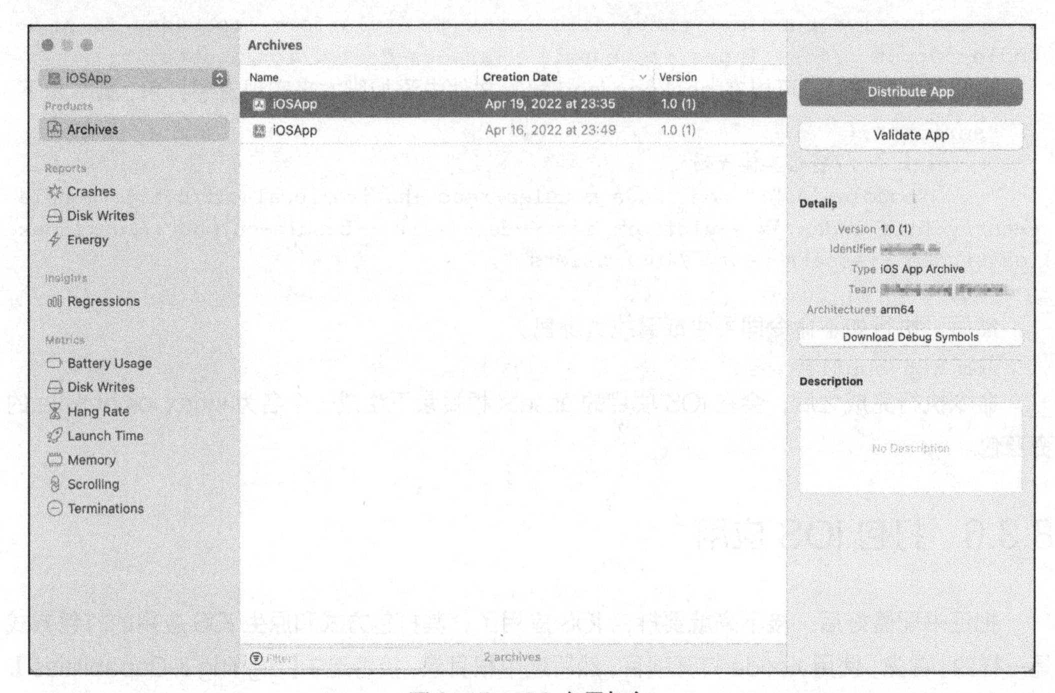

图 8-15　iOS 应用打包

接下来，选择要打包的版本，单击右上角的【Distribute App】按钮执行打包操作。由于我们要将应用上传到 App Store，所以此处需要选择【App Store Connect】，如图 8-16 所示。

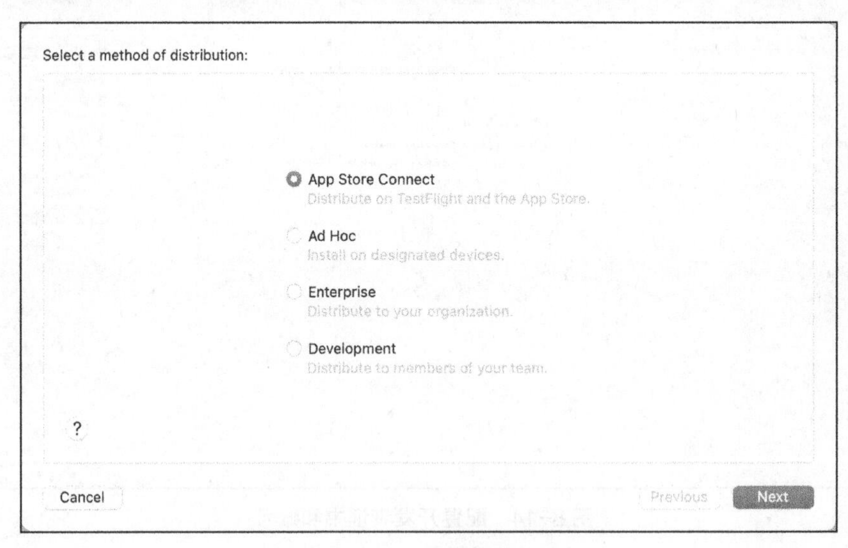

图 8-16　打包并选择发布对象

如果要将 IPA 包导出到本地并用于测试，那么在导出时需要选择“Ad Hoc”选项。最后，选择【Export】选项导出 IPA 包到本地即可。

8.3.7 发布 iOS 应用

成功打包 iOS 应用后，接下来就要向 App Store 提交应用。提交 iOS 应用时，建议使用 Transporter 工具来执行提交操作。如果还没有安装 Transporter，可以在 App Store 中搜索并安装，它是免费的。

提交应用之前，需要先使用 Apple 开发者账号进行登录，登录之后就可以将生成的 iOS 签名包添加到 Transporter 中，然后执行提交操作，如图 8-17 所示。

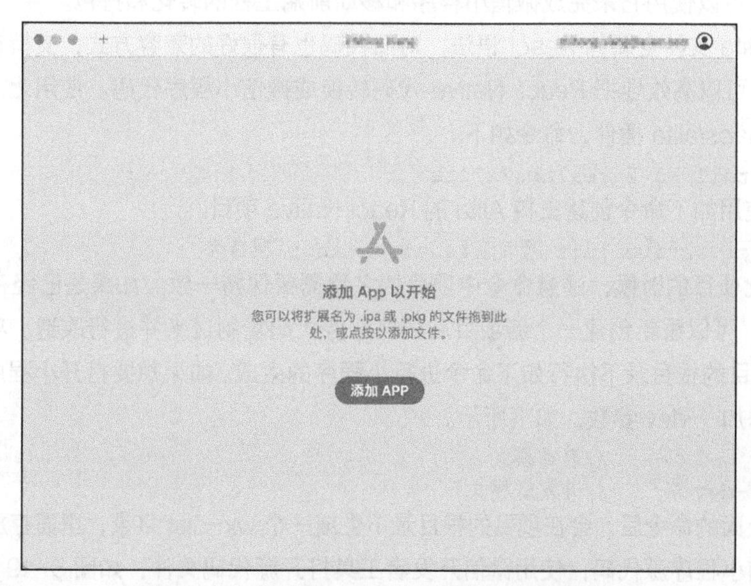

图 8-17 使用 Transporter 提交 iOS 签名包

接下来，打开 Apple 开发者中心后台提交审核。提交审核时有两种情况，即已有应用的版本升级和发布全新的应用。发布全新的应用时需要填写一些基础信息，然后才能执行提交操作，如图 8-18 所示。

图 8-18 创建全新的 iOS 应用

提交成功之后，接下来就需等待 Apple 后台审核。如果没有任何问题，将会收到 Apple 官方审核通过的邮件。如果审核不通过，可以根据返回的提示信息进行修改，然后再重新提交审核。

8.4 打包小程序

Alita 提供一套 React Native 代码转换引擎工具，可以使用它来支持多终端业务开发。具体来说，就是可以使用它来完成微信小程序和移动前端工程的转化和打包。

并且，Alita 支持全新的 React 语法，对旧代码也有很好的兼容方式，支持在运行时处理 React 语法，可以高效地把 React Native 代码转换成微信小程序代码。使用之前，需要先全局安装@areslabs/alita 插件，命令如下。

```
npm install -g @areslabs/alita
```

然后，使用如下命令创建支持 Alita 的 React Native 项目。

```
npx react-native init 项目名&& alita init 项目名
```

在初始化项目的时候，注意命令中项目的名称需要保持一致。如果是已经存在的 React Native 项目，可以重新创建一个新项目后再将业务代码复制过来并进行改造。项目初始化完成之后，在项目的根目录下执行如下命令进行小程序的生成。如果想要打开小程序的开发者模式，还需要添加--dev 参数，如下所示。

```
alita              //普通模式
alita --dev        //开发者模式
```

执行完上面的命令后，会在项目的根目录下生成一个 wx-dist 目录，里面存放的就是 Alita 转换后的微信小程序源代码，使用微信开发者工具打开源代码文件，如图 8-19 所示。

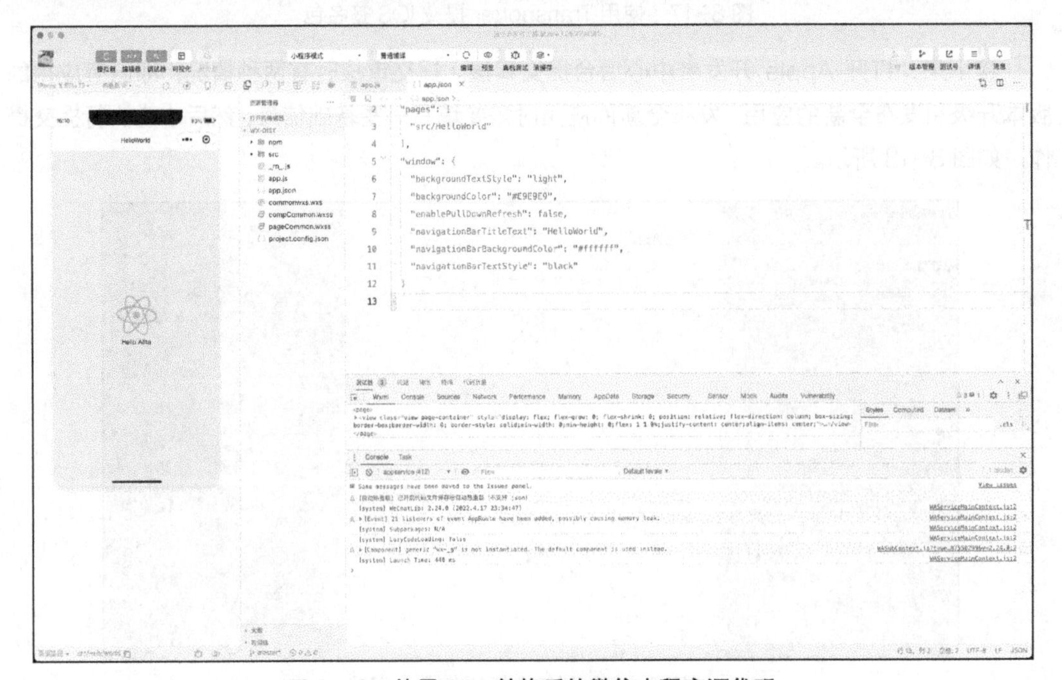

图 8-19 使用 Alita 转换后的微信小程序源代码

不过需要说明的是，虽然 Alita 的设计初衷是尽可能无损地转换 React Native 应用，但不可避免的是，在转换已有项目时会触及很多的限制，包括路由、动画组件等，所以在转换过程中出现任何问题时，都需要依据 Alita 的错误提示进行相应的修改。

并且，由于 React Native 的路由机制和小程序的路由机制略微不同，为了消除差异，Alita 提供了一个@areslabs/router 路由插件。所以，在使用 Alita 执行小程序转换的时候，需要对入口进行如下修改。

```
import {Router, Route} from '@areslabs/router'

class App extends Component{
   render() {
     return (
       <Router>
           <Route key="A" component={A}/>
       </Router>
     )
   }
}
```

如果涉及多 Tab 切换的场景，还需要用到 TabRouter 组件，如下所示。

```
import {Router, Route, TabRouter} from '@areslabs/router'

class JDReactFirst extends Component{
   render() {
     return (
       <Router>
           <TabRouter text="首页" image={ } selectedImage={ }>
               <Route key="A" component={A}/>
           </TabRouter>
           ... //省略其他 Tab 代码
       </Router>
     )
   }
}
```

其中，TabRouter 提供了 3 个属性，text 属性表示 Tab 的名称，image 属性表示默认的 Tab 图片，selectedImage 属性表示选中后的 Tab 图片。

8.5 本章小结

React Native 应用开发完成之后，接下来的工作就是将应用打包、发布。不过，与前端应用的发布流程不同，React Native 应用打包需要在原生环境中进行，即先打包本地 bundle 资源文件，然后使用原生项目的打包方式进行打包。除了支持打包成 Android 和 iOS 应用包之外，使用 React Native 技术开发的应用还能打包成小程序，即使用 Alita 提供的代码转换引擎工具。

本章是 React Native 应用开发的完结章，所以主要讲解的内容是应用的打包与发布。本章主要从更改应用默认配置、Android 和 iOS 打包与发布，以及转换小程序等几个部分进行讲解。在学习完本章后，读者可以尝试开发一款属于自己的应用。

习题

实践题

1. 熟悉 React Native 应用的打包流程，能够完成一款应用的打包和发布。
2. 探索其他的将 React Native 代码转换成小程序的方案。
3. 探索将小程序转换为移动应用的方案。